Md. Salah Uddin
Dr. Shaikh Bokhtear Uddin

A etnobotânica Khumi

Md. Salah Uddin
Dr. Shaikh Bokhtear Uddin

A etnobotânica Khumi

Conhecimento tradicional das plantas e património cultural

ScienciaScripts

Imprint
Any brand names and product names mentioned in this book are subject to trademark, brand or patent protection and are trademarks or registered trademarks of their respective holders. The use of brand names, product names, common names, trade names, product descriptions etc. even without a particular marking in this work is in no way to be construed to mean that such names may be regarded as unrestricted in respect of trademark and brand protection legislation and could thus be used by anyone.

Cover image: www.ingimage.com

This book is a translation from the original published under ISBN 978-620-7-64691-3.

Publisher:
Sciencia Scripts
is a trademark of
Dodo Books Indian Ocean Ltd. and OmniScriptum S.R.L publishing group

120 High Road, East Finchley, London, N2 9ED, United Kingdom
Str. Armeneasca 28/1, office 1, Chisinau MD-2012, Republic of Moldova, Europe
Printed at: see last page
ISBN: 978-620-8-33448-2

Conteúdo

RESUMO III

CAPÍTULO 1: INTRODUÇÃO E OBJECTIVOS 1

1.1 Definição 1

1.2 Conceito atual de Etnobotânica 2

1.3 Evolução histórica 3

1.4 Trabalhos etnobotânicos no Bangladesh 6

1.5 Finalidades e objectivos do estudo 7

1.6 Importância e âmbito de aplicação 8

CAPÍTULO 2: A COMUNIDADE TRIBAL 10

2.1 Introdução 10

2.2 Distribuição geográfica e dimensão da população 11

2.3 Origem e migração 11

2.4 Língua 12

2.5 Condição social e seitas 12

2.6 Relação matrimonial 13

2.7 Casas de habitação 13

2.8 Vestido 13

2.9 Ornamentos 14

2.10 Vida económica 14

2.11 Artesanato 15

2.12 Alimentação 15

2.13 Religião 15

2.14 Nascimento 16

2.15 Morte 16

2.16 Cultura 16

CAPÍTULO 3: ÁREA DE ESTUDO 18

3.1 Descrição da zona de estudo 18

3.2 Geografia 18

3.3 Topografia 18

3.4 Principais Sistemas Ribeirinhos na Área de Estudo 20

3.5 Clima 20

3.6 Temperatura 20

3,7 Precipitação 20

3.8 Principais profissões 20

3.9 População 20

3.10 Etnia 21

3.11 Vegetação 21

3.12 Informadores 22

CAPÍTULO 4: MÉTODOS DE ESTUDO 24

4.1 Métodos diferentes 24

4.2 Técnicas de entrevista 26

CAPÍTULO 5: ENUMERAÇÃO TAXONÓMICA 30

Fotografia de algumas plantas medicinais, alimentos, artigos para o lar e artesanato 117

CAPÍTULO 6: RESULTADOS E DISCUSSÃO 130

6.1 Resultados 130

6.2 Discussão 143

6.3 Recomendações para a investigação futura 145

REFERÊNCIAS 146

RESUMO

A comunidade Khumi que vive no distrito de Bandarban, no Bangladesh, há muito que admira a utilização de plantas à sua volta para diversos fins e depende da natureza na sua vida quotidiana. Esta dependência torna-os conscientes e utiliza as plantas que os rodeiam. Utilizam as plantas ou partes de plantas para vários fins, *nomeadamente* medicina, alimentação, abrigo, vestuário, corantes, cosméticos, artigos para a casa e artesanato. Têm também um conhecimento único das plantas comestíveis. Foi efectuado um estudo etnobotânico sobre a utilização de plantas pela comunidade Khumi dos distritos de Bandarban, no Bangladesh. A informação foi documentada através de entrevistas a ervanários tradicionais, a vários homens e mulheres idosos, seguindo diferentes métodos etnobotânicos.

Foram documentados dados sobre 204 espécies de plantas com nomes tribais que são utilizadas para o tratamento de 42 doenças/enfermidades, bem como para o fabrico de frutos, legumes, ornamentais, corantes, aditivos, madeira e outras utilizações. Estas espécies, pertencentes a 174 géneros de 76 famílias, estão listadas por ordem alfabética, cada uma com nomes vernáculos, nome inglês, métodos de preparação e modo de utilização. Cada planta é também acompanhada de uma breve descrição botânica. A geografia da área, a origem, a cultura e os costumes da comunidade tribal são discutidos.

A partir da documentação, verifica-se que as espécies de plantas mais frequentemente utilizadas são as ervas e depois as árvores e que a parte da planta mais utilizada é a folha. Na maioria dos casos, o modo de preparação é o extrato e a aplicação destes medicamentos à base de plantas é oral.

CAPÍTULO 1: INTRODUÇÃO E OBJECTIVOS

Desde a antiguidade que o homem vive intimamente associado à natureza e depende dela para a sua sobrevivência. "Muitos grupos de pessoas vivas, com uma cultura étnica diversificada, uma história de rituais e actuações, que estão mais ou menos isolados do mundo moderno e estão intimamente associados à sua vegetação ambiente, são os empórios da investigação etnobotânica" (Pal e Jain, 1998). O ambiente circundante influencia direta e indiretamente a vida e a cultura humanas. As plantas fazem parte do nosso ambiente. As pessoas utilizam as plantas que as rodeiam para muitos fins, tais como: alimentação, abrigo, corantes, cosméticos, vestuário, medicamentos, etc., a partir da vegetação circundante. Recolheram os conhecimentos do meio ambiente, enriqueceram-nos e transmitiram-nos de geração em geração, com ou sem documentos escritos. Mas muitos deles desapareceram devido a várias razões. Sem uma documentação adequada, estes recursos de informação ou de conhecimento podem desaparecer para sempre.

Assim, surge um ramo recente da Botânica, a Etnobotânica, que proporciona um sistema adequado de documentação e preservação da informação sobre a utilização tradicional das plantas, acumulada numa comunidade através de gerações em relação com a sua cultura.

1.1 Definição

Em 1895, numa palestra na Pensilvânia, o Dr. John Harshberger utilizou pela primeira vez o termo "etnobotânica" para descrever o seu campo de investigação, que definiu como o estudo das "plantas utilizadas pelos povos primitivos e aborígenes". Em 1896, Harshberger publicou o termo e sugeriu que a "etnobotânica" fosse um campo que elucidasse a "posição cultural das tribos que utilizavam as plantas como alimento, abrigo ou vestuário" (Harshberger, 1896). Depois de Harshberger, J. Walter Fewkes, em 1896, adoptou o termo para o título de um artigo (Saklani e Jain, 1994).

Robbins *et al.* (1916) definiram o termo pela primeira vez como um "Estudo e avaliação do conhecimento de todas as fases da vida vegetal entre as sociedades primitivas e o efeito do ambiente vegetal sobre a vida" (Rao e Henrey, 1996).

O conceito de Etnobotânica desenvolveu-se gradualmente por diferentes trabalhadores, como se pode ver de seguida:

- "Termo pelo qual a maioria dos investigadores designa as plantas utilizadas pelos povos aborígenes" (Vestal e Schultes, 1939).
- "O estudo das interações entre os seres humanos 'primitivos' e as plantas" (Jones, 1941).
- "O estudo da relação entre o homem e a vegetação que o rodeia" (Schultes, 1941).

- "A etnobotânica distingue-se claramente da botânica económica na medida em que se preocupa com os aspectos culturais fundamentais da utilização das plantas, enquanto a botânica económica ignora praticamente as expectativas culturais de uma forma muito geral" (Castetter, 1944).
- "As múltiplas ligações, diretas ou indirectas, entre o homem e as plantas são o campo próprio da etnobotânica" (Faulks, 1958).
- "A etnobotânica é definida como o estudo das relações que existem entre as pessoas de uma sociedade primitiva e o seu ambiente vegetal" (Schultes, 1962).
- "O estudo das relações diretas entre o homem e as plantas" (Ford, 1978).
- "A etnobotânica trata da relação direta das plantas com o homem" (Jain, 1986).
- "O estudo de plantas úteis antes da sua exploração comercial e eventual domesticação. Inclui a utilização de plantas por comunidades tribais e não tribais sem qualquer implicação de sociedades primitivas ou desenvolvidas" (Wickens, 1990).
- "O estudo das relações entre as pessoas e as plantas, especialmente a utilização das plantas pelas pessoas" (Given e Harris, 1994).
- "Todos os estudos (relativos a plantas) que descrevem a interação das populações locais com o ambiente natural" (Martin, 1995).
- "O estudo das inter-relações passadas e presentes que existem entre as sociedades tribais e o seu ambiente vegetal circundante" (Rao e Henry, 1996).
- "A etnobotânica é a ciência das interações das pessoas com as plantas" (Turner, 1996)
- "A etnobotânica é o estudo da forma como as pessoas de uma determinada cultura e região utilizam as plantas indígenas" (Veilleux e King, 1996).
- "A etnobotânica pode ser definida como uma abordagem antropocêntrica da botânica, e preocupa-se essencialmente com a recolha de informações sobre as plantas e a sua utilização" (Rao e Henry, 1997).

1.2 Conceito atual de Etnobotânica

Atualmente, a etnobotânica é mencionada como um vasto domínio da ciência das interações humanas com as plantas e o ecossistema. É uma ciência multidisciplinar, que integra a biologia, a fitotecnia, a silvicultura, a ecologia, a agricultura, as ciências medicinais, a fitoquímica, a farmacologia, a história, a antropologia, a cultura, a literatura, a linguística, etc. (Jain, 1989). Depende de muitas abordagens variadas. É um reflexo do tipo floral de uma determinada região, da cultura das pessoas que vivem nessa região e das suas relações. Inclui todos os aspectos da utilização aborígene e tradicional, incluindo alimentos, vestuário, combustível, venenos, narcóticos, estimulantes, perfumes, corantes, medicamentos, etc. O conceito de etnobotânica sofreu várias alterações.

"Etnobotânica é um termo utilizado para designar a disciplina académica que trata da interação das pessoas com as plantas. Como disciplina académica, a definição de Etnobotânica é variada, mas existem alguns elementos comuns no conceito. Em termos gerais, é definida como o estudo das relações totais entre plantas e pessoas" (Cox e Balick, 1996).

"A maioria dos estudos etnobotânicos tem-se limitado a estudos de populações tribais e rurais para registar o seu conhecimento e utilização de plantas e para procurar novas fontes de medicamentos à base de plantas, plantas comestíveis e outras propriedades das plantas de valor para o homem" (Jain e Mudgal, 1999)

"A etnobotânica é o estudo da relação entre as plantas e as pessoas: De "etno" - estudo das pessoas e "botânica" - estudo das plantas. A etnobotânica é considerada um ramo da etnobiologia. A etnobotânica estuda as relações complexas entre (usos de) plantas e culturas humanas. A etnobotânica centra-se na forma como as plantas foram ou são utilizadas, geridas e percepcionadas nas sociedades humanas e inclui plantas utilizadas na alimentação, medicina, adivinhação, cosmética, tinturaria, têxteis, construção, ferramentas, moeda, vestuário, rituais, vida social e música" (Staff, 2007).

"O conhecimento etnobotânico é importante para os planeadores de desenvolvimento e para os decisores políticos que concebem soluções para os problemas locais e regionais (Alcorn, 1995)."

Assim, a etnobotânica é uma disciplina multidisciplinar que trata das relações totais entre as plantas e as pessoas no contexto da sua cultura.

1.3 Evolução histórica

O termo Etnobotânica foi utilizado pela primeira vez por John W. Harshberger numa conferência que proferiu na Universidade da Pensilvânia em 4 de dezembro de 1895 (Cotton, 1997). O termo tornou-se imediatamente popular e foi amplamente aceite. J. Walter Fewkes (1896) foi a primeira pessoa depois de Harshberger a adotar o termo para o título de um artigo (Saklani e Jain, 1994). O conhecimento etnobotânico é uma disciplina muito antiga no subcontinente indiano. O registo de conhecimentos etnobotânicos no subcontinente indiano pode muito bem estar entre os mais antigos do mundo e remontar a 4000-1500 a.C. (Jain e Mudgal, 1999). Cristóvão Colombo descobriu o tabaco (*Nicotiana* spp.) em Cuba em 1492 e, cerca de 350 anos mais tarde, Richard Spruce, um explorador britânico, documentou as propriedades psicoactivas da *Bristeriopsis cappi,* uma videira da América do Sul (Simpson e Conner-Ogorzaly, 1986; Schults, 1983). Todos os sistemas tradicionais de medicina têm as suas raízes na etnobotânica (Jain e Mitra, 1990).

O cirurgião grego Dioscórides publicou "De Materia Medica", em 77 d.C., que era um catálogo de cerca de 600 plantas do Mediterrâneo. Incluía também informações sobre a forma como os gregos utilizavam as plantas, nomeadamente para fins medicinais. Dioscórides sublinhava o potencial económico das plantas. Durante gerações, os académicos aprenderam com esta planta, mas só se aventuraram efetivamente no terreno depois da Idade Média (Garcia *et al.,* 1966 e Stein, 1966).

O estudo etnobotânico dos primeiros períodos baseava-se em grande medida na observação casual e em provas anedóticas recolhidas individualmente. Posteriormente, este tipo de informação foi cada vez mais complementado por uma série de relatórios mais científicos elaborados por naturalistas da Europa e de outros países. Um destes relatórios foi sobre a utilização das ervas pelos índios, publicado em 1672 em Inglaterra por John Josselyn, que foi o resultado de oito anos de experiência no terreno (Griggs, 1981). Em 1831, naturalistas como Charles Darwin iniciaram a recolha de plantas exóticas, incluindo informações sobre a sua utilização, para os museus e jardins de Londres (Cotton, 1997). Durante 1851 e 1854, Richard Spruce, um cientista britânico e um dos primeiros exploradores do noroeste do Amazonas e do norte dos Andes, explorou grande parte do Rio Negro e seus afluentes. Ele também descreveu o uso ritual de uma série de plantas psicoativas. Na mesma época, outros botânicos também documentaram as plantas úteis da Nova Inglaterra (Ford, 1978). Durante séculos, as informações sobre o estudo etnobotânico encontravam-se dispersas nas crónicas dos missionários espanhóis do século XVI, nos diários de aventureiros europeus e em muitas obras sobre a fitoterapia dos indígenas americanos. Em 1870, todas estas informações dispersas foram reunidas por um botânico americano, Edward Palmer, que publicou um livro intitulado "Food Products of the North American Indians" (Castetter, 1944).

Na parte final do século XIX, particularmente durante os preparativos para a Feira Mundial de 1893, começou a estabelecer-se um grande interesse pela botânica aborígene. Este interesse envolveu tanto antropólogos como arqueólogos na recolha de produtos vegetais tradicionalmente úteis (Ford, 1978). Esta exposição incluiu significativamente as Colecções Hazard, uma série de produtos vegetais preservados utilizados pelos antepassados dos índios

Pueblo em Mancos Canon, no Colorado, e que foi posteriormente enviada para a Universidade da Pensilvânia para análise. O botânico John Harshberger examinou as colecções e, em dezembro de 1895, acabou por proferir uma conferência na qual descreveu alimentos, vestuário, utensílios domésticos e ferramentas agrícolas de origem vegetal conservados na coleção Hazard; foi durante esta conferência que o termo "etnobotânica" foi utilizado pela primeira vez (Cotton, 1997).

Como já foi referido, os registos mais antigos sobre a utilização de plantas no subcontinente indiano são muito antigos. A literatura indiana antiga, em sânscrito, menciona uma variedade de utilizações das plantas no culto, na medicina, na alimentação, como combustível e como utensílios agrícolas. Algumas literaturas importantes, que também foram consideradas, são os livros religiosos dos hindus (que têm origem entre 4000 e 400 a.C.). São eles o Rigveda, o Atharvaveda, os Upanishads, o Mahabharata e os Puranas (Jain, 1994, 1996). Além disso, existem também registos de cerca de 1200 plantas, juntamente com as suas funções como medicamentos e aplicações terapêuticas específicas, em literatura como Sushruta Samhita (*cerca de* 500 a.C.) e Charka Samhita (*cerca de* 100 d.C.) (Jain e Mudgal, 1999). Mas os estudos organizados sobre etnobotânica nesta região são muito recentes. Durante o domínio britânico (1755-1947), muitas plantas medicinais novas foram introduzidas no subcontinente. thMitra e Jain (1991) resumiram a informação sobre as utilizações de plantas medicinais e publicaram, no século XIX, catálogos, dispensários, farmacopeias e ilustrações de plantas com notas sobre utilizações medicinais, que culminaram no *Dicionário de Produtos Económicos* em seis volumes de Watt (1889-1896).

thDurante o século XIX, o conhecimento sobre etnobotânica expandiu-se rapidamente. Em 1900, a primeira tese de doutoramento em etnobotânica foi atribuída a David Barrows pela Universidade de Chicago. Em 1916, para além dos usos das plantas pelos povos indígenas, a etnobotânica tinha-se expandido para incluir o conhecimento de como as plantas eram "percebidas e compreendidas em diferentes culturas" (Cotton, 1997). O etnólogo americano Gilmore (1932) alargou mais tarde este último ponto e defendeu a necessidade de interpretar os dados etnobotânicos no seu contexto cultural e de ter em conta o importante papel da linguística no estudo etnobotânico.

À medida que a etnobotânica foi redefinida, os dados relevantes acumularam-se a um ritmo acelerado e as etnologias dedicaram-se à utilização de plantas na vida quotidiana e cerimonial das tribos existentes, comparando as utilizações de determinadas espécies de plantas por uma série de povos, e aumentou a investigação da agricultura tradicional e dos alimentos vegetais selvagens (Densmore, 1928 e Gilmore, 1932 citados em Cotton, 1997; Bell e Castetter, 1937; Barrows, 1931; Castetter e Bell, 1951). O conhecimento tradicional das plantas começou a desempenhar um papel significativo no desenvolvimento da teoria antropológica. Por exemplo, o estudo da horticultura Tsembaga na Nova Guiné contribuiu para as primeiras ideias sobre a sua ecologia cultural e a análise dos nomes das plantas e dos sistemas de classificação popular forneceu uma base cada vez mais popular para a exploração da cognição humana (Rapport, 1968, Berlin *et al.*, 1973).

thth D urante os séculos XIX e XX, este conhecimento tem sido cada vez mais ameaçado de se perder das sociedades, uma vez que a rápida aculturação afecta agora as culturas tribais. Talvez devido a esta pressão, existe um interesse renovado por este tema. A procura de novos alimentos e medicamentos naturais deu importância à etnobotânica num período muito curto. O interesse crescente pela etnobotânica deve-se, pelo menos em parte, à mudança de atitudes em relação aos povos tradicionais. thDurante meados do século XX, quando parecia que os povos indígenas do mundo estavam prestes a desaparecer, as sociedades tradicionais e os seus conhecimentos atraíram uma atenção académica generalizada, principalmente como parte de uma operação de salvamento antropológico (Burch e Ellanna, 1994). Muitos cientistas começaram a aperceber-se do valor prático e académico dos dados etnobotânicos e começam a reconhecer que os povos tradicionais têm muito a ensinar à ciência.

1.4 Trabalhos etnobotânicos no Bangladesh

Em 1909, Hutchinson trabalhou no Chittagong Hill Tract. Foi o trabalho pioneiro sobre etnobotânica neste subcontinente, bem como no Bangladesh. A referência mais antiga à utilização de plantas pelas tribos locais encontra-se em Lewin (1912). Vários trabalhadores trabalharam com este objetivo no subcontinente indiano, mas Rajput, em 1965, trabalhou com as tribos de CHT, o que constituiu o início do trabalho etnobotânico no Bangladesh. Posteriormente, Sirajuddin (1971), Saigal (1978), Tanchangya (1982) e Shelly (1992) trabalharam nesta linha, mas estes trabalhos são menos pormenorizados e dependem largamente dos trabalhos anteriores de Hutchinson. Khan e Huq (1975), Hasan e Khan (1986), Mia e Huq (1988), Chowdhury *et al.* (1989), Sarker e Hossain (2009) trabalharam apenas em aspectos medicinais de plantas do Bangladesh.

Estão disponíveis alguns trabalhos recentes sobre a etnobotânica das populações tribais do CHT. A área situa-se no interior do Bangladesh e não foi acedida durante muitos anos devido à rivalidade entre as tribos e os bengalis. No entanto, a informação dispersa disponível sobre a utilização de plantas pelas tribos da zona é aqui analisada. O maior número de trabalhos foi efectuado depois de 1990. Kadir, em 1990, trabalhou sobre as plantas medicinais do Bangladesh e a sua estratégia de conservação. Alam (1992, 1998) documentou a informação etnobotânica e a utilização de plantas medicinais por Marma. Também foram efectuados vários trabalhos neste domínio por Chakma (1992, 1993), Hasan e Huq (1993), Tanchangya (1982), Tripura (1994), Yusuf (1994), Hasan e Khan (1996). A análise química de algumas plantas medicinais foi efectuada por Chowdhury *et al.* (1993, 1996). Alam *et al.* (1996), Khisa

(1996a, 1996b, 1998), Millat-e-Mustafa (1996), Rahman e Yusuf (1996), Rahman (1997, 1999), Rahman e Uddin (1998), Ghani (1998), Uddin *et al.* (1998), Begum e Rashid (1999) também trabalharam no domínio etnobotânico. Todos eles se debruçaram essencialmente sobre a utilização tradicional de plantas pela comunidade tribal, bem como pela população bengali, e sobre as plantas medicinais.

Os trabalhos mais recentes foram efectuados por Rahman e Uddin (2000, 2003), Begum *et al.* (2000), Gain (2000), Millat-e-Mustafa (2001), Baker e Momen (2001), Khan *et al.* (2002) e Anisuzzaman *et al.* (2007).

1.5 Finalidades e objectivos do estudo

A etnobotânica, como ciência multidisciplinar, está, portanto, em posição de contribuir para o desenvolvimento, a riqueza dos conhecimentos tradicionais que os povos indígenas possuem relativamente aos seus sistemas naturais e ambiente, incluindo os seus conhecimentos sobre a utilização e manutenção de diferentes tipos de recursos vegetais a longo prazo, sem danificar ou destruir os seus habitats. A comunidade aborígene ou tribal vive em harmonia com a vegetação circundante e tem a sua própria cultura, costumes, religião, lendas, hábitos alimentares e um rico conhecimento em medicina tradicional (Rao e Henry, 1996). Mas a falta de consciência, a má gestão e a ausência de documentação adequada podem fazer desaparecer estes conhecimentos. Assim, sentiu-se uma necessidade urgente de documentar ou atualizar este estudo, porque as tribos e muitas sociedades étnicas estão a ser rapidamente assimiladas pelas sociedades modernas e o tesouro dos seus conhecimentos está a desaparecer rapidamente.

A prática da etnobotânica geralmente ignora duas considerações importantes: 'o ato de compilar informação em bruto constitui a base de qualquer ciência natural e sem um inventário básico não são possíveis formulações teóricas' e, em segundo lugar, a etnobotânica é uma 'ciência da descoberta'. (Davis, 1991) No entanto, tal como salientado por Phillips e Gentry (1993a, 1993b), tem-se dado uma ênfase excessiva à compilação de dados e uma relativa escassez de testes de hipóteses. Muitos medicamentos que se encontram no mercado chegaram até nós a partir da utilização popular de plantas por culturas indígenas (Prance, 1995). Esta tese tem como objetivo desenvolver os nossos conhecimentos fundamentais sobre a utilização de plantas pela comunidade Khumi, Bandarban, Chittagong Hill Tract (CHT).

Os principais objectivos do presente estudo foram, portanto, os seguintes

- Para uma documentação e preservação adequadas dos conhecimentos tradicionais não escritos sobre as plantas utilizadas pela comunidade tribal Khumi para diversos fins: medicina, alimentação, artigos domésticos e artesanato, antes do seu desaparecimento.

- ❖ Preparar uma base de dados com base nas suas utilizações.
- ❖ Adquirir conhecimentos e desenvolver uma base científica adequada para o seu desenvolvimento económico sem perturbar o seu habitat natural e a sua cultura.
- ❖ Documentar a estratégia de conservação seguida pelas comunidades tribais.
- ❖ Preparar uma base de dados etnobotânica do Bangladesh com vista à sua publicação na Internet.

1.6 Importância e âmbito de aplicação

As populações tribais e rurais vivem em zonas onde as plantas crescem naturalmente. Têm um conhecimento notável da utilização das plantas que crescem à sua volta. Conhecem a utilidade destas plantas. A sua subsistência depende da disponibilidade de plantas e dos conhecimentos sobre a sua utilização, que adquiriram da geração anterior. Nos últimos séculos, as culturas industrializadas têm explorado e assimilado implacavelmente as culturas indígenas do mundo. Isto levou a uma perda insondável do nosso património humano coletivo (Schultes, 1994). Mas, sem uma documentação adequada, estas informações podem perder-se para sempre. Assim, a etnobotânica tem grande importância e alcance, tais como:

- ❖ O conhecimento da origem, evolução e migração de várias comunidades étnicas pode ser obtido através da Etnobotânica.
- ❖ Proporciona o registo e a documentação sistémicos dos conhecimentos indígenas sobre a utilização de plantas em relação à cultura antes da sua extinção.
- ❖ Ajuda a descobrir novos recursos vegetais úteis para vários fins e a sua domesticação adequada.
- ❖ O recente aumento no fabrico de medicamentos à base de plantas criou uma grande procura de plantas medicinais (Balick, 1994). Por isso, desempenha um papel importante no estabelecimento de indústrias farmacêuticas e na identificação de medicamentos novos e alternativos.
- ❖ A distribuição geográfica da comunidade vegetal pode ser investigada através da etnobotânica.
- ❖ Documentação da tecnologia indígena e do sistema de gestão para a preservação dos recursos vegetais.

Os botânicos económicos podem utilizar dados etnobotânicos para descobrir novos recursos vegetais, para fornecer novas ideias aos planeadores ambientais, como instrumento para a seleção básica de espécies vegetais para o desenvolvimento de medicamentos por farmacologistas, fitoquímicos e clínicos, como uma nova fonte de história através do estudo de nomes de plantas por linguistas, como uma fonte para localizar novos germoplasmas para agricultores. No último século, a ciência dinâmica da etnobotânica emergiu como uma força poderosa para a preservação e revitalização das culturas indígenas através do estudo da sua relação essencial com o reino vegetal (Schultes, 1994).

CAPÍTULO 2: A COMUNIDADE TRIBAL

2.1 Introdução

Por comunidade tribal entende-se um grupo de pessoas mais ou menos organizadas numa região com uma unidade cultural e cujos membros sentem que estão incluídos na mesma unidade cultural. A Convenção n.º 169 e o artigo n.º 1 da Organização Internacional do Trabalho (OIT) foram aceites em 1989.

No Bangladesh vivem quarenta e cinco comunidades tribais. Os grupos étnicos e as localidades onde vivem são mencionados a seguir: Bawm, Chak, Chakma, Kheyang, Khumi, Lushai, Marma, Mro. Pangkhoa, Rakhaing, Tanchanga, Tripura nas regiões de Chttagong Hill Tracts; Bhuimali, Lahra, Mahali, Mahato, Munda, Mushhor, Noonia, Oraron, Pahan, Palia, Rabidas, Rajbanshi, Ranjoarh, Rana Karmaker, Santal na região de Bengala do Norte e Been, Bhumij, Bonaj, Barman, Dalu, Garo, Hajong, Halem, Kharia, Khasi, Koch, Konda, Kurmi, Manipuri, Nayek, Pangan, Patra, Shabar na região de Mymensingh e Sylhet. (Estudo cultural do Bangladesh, Série 5)

Uma das maiores concentrações de grupos étnicos do país é a grande Chittagong Hill Tracts - uma graciosa e encantadora morada de colinas, fontes, lagos e florestas no canto sudeste do Bangladesh. Faz fronteira com Tripura e Mizoram da Índia a norte e nordeste, respetivamente, com Arakan de Myanmar a sudeste e com os distritos de Chittagong e Cox's Bazar a oeste e sudoeste, respetivamente.

As tribos do Hill Tract são etnicamente diferentes da população estabelecida no Bangladesh. Têm laços mais estreitos com as tribos da vasta região que se estende do Tibete à Indochina. São de baixa estatura, têm cabelo preto, ossos proeminentes e olhos estreitos, caraterísticas geralmente conhecidas como típicas do tipo mongoloide. Cerca de um terço dos povos tribais vive aqui. As diferentes etnias de Chittagong Hill Tracts têm o seu próprio sistema social tradicional, práticas, costumes, língua, literatura, património, práticas religiosas, trajes, hábitos alimentares e festivais.

Khumi é uma pequena tribo de Chittagong Hill Tracts. Os Khumis, de acordo com a sua estrutura física, são de origem mongoloide (Cultural Survey of Bangladesh, Série-5). Têm nariz arrebitado, olhos pequenos e tez clara. As suas coxas são pesadas e os tornozelos grossos. Os homens têm barba rala. No passado, eram por natureza violentos e vingativos. Os Khumis acreditam que os seus antepassados viviam na zona de origem dos rios. Esta é uma das razões pelas quais gostam de habitar nas margens dos rios e nas montanhas altas. Preferem construir as suas casas no cimo das árvores, nas florestas profundas. Esta tribo étnica é independente, predadora e feroz, e adora a guerra. A maior parte dos Khumis são agricultores de profissão. Praticam a agricultura itinerante (Jhum). Tecem os seus próprios vestidos, o *lengti* e o *wanglai*.

2.2 Distribuição geográfica e dimensão da população

No Bangladesh, os Khumi vivem em Ruma, Rowangchari e Thanchi upazilas do distrito de Bandarban. Um Para é constituído por várias famílias (12-15). Alguns dos para Khumi são: Mongow para, Ongtong para, Sangking para, Longthang para em Rowangchari; Kholain para, Profumong para, Rutong para, Keteye para, Sushon para, Litong para, Mrokkhong para, Syron para, Giting para, Khimpai para em Ruma e Seore para, Sikadoy para, Kamshe para, Malung headman para, Moi para, Kowng para, Fyfey moi para, Aeosing para, Onghla para, Chyong para, Kuhoy para, Aeokri para, Sanglang para, Tlapabai para em Thanchi.

A população total de Chittagong Hill Tracts (CHT) enumerada no recenseamento de 1991 era de 1,042 milhões, dos quais 562 597 eram homens e 479 776 mulheres. O número de Khumi na região de CHT era de 1241. Este número representa 0,119%. (Banglapedia, 2006)

2.3 Origem e migração

Segundo o historiador Dr. Romesh Chandra Majumder, os Khumis, que vivem atualmente em Thanchhi, Roangchhari e Lama, no distrito montanhoso de Bandarban e no Arakan de Myanmar, são de origem mongoloide (Cultural Survey of Bangladesh, Série-5).

Os Khumis são também chamados Khami, que significa o melhor da raça humana. No dialeto *Khumi*, "Kha" significa "ser humano" e "Mi" significa o melhor. Os Arakaneses chamam aos Khumis Khemi, o que implica uma raça de muito baixa hierarquia social. *Khe* na língua arracanesa significa cão e *mi* denota raça. Os Khumis têm caraterísticas mongolóides.

Os Khumis são patriarcais. Têm dois clãs. Um é conhecido por *Awa Khumi* e o outro por *Aphya Khumi*. Ambos os clãs viveram outrora na margem do rio Koladain.

De acordo com Hunter, os Khumis, tal como outros povos étnicos, estabeleceram-se na região no final do século XVII (Cultural Survey of Bangladesh, Série 5) e migraram de Arakan.

2.4 Língua

Têm uma língua, mas não têm um alfabeto próprio. A língua khumi, que utilizam para comunicar de geração em geração, tem apenas uma forma falada. É originária da língua tibetana brahmma que é falada nas zonas do sul. Não querem que ninguém que não seja khumi aprenda o seu dialeto. Também não querem aprender a língua de nenhum outro povo. O povo de etnia Khumi herdou a sua língua e orgulha-se dela. Consideram-na uma propriedade dos seus antepassados. A língua permanece intacta e na sua forma original.

2.5 Condição social e seitas

Os Khumis têm fortes laços sociais e vivem em bando sob a direção de um chefe que eles próprios escolhem. Todos são obrigados a prestar lealdade ao chefe. Os Khumis têm a qualidade de manter o segredo sobre diferentes questões sensacionais. Se os Khumis fizerem um voto, não hesitam em morrer por ele. São conhecidos como cumpridores da lei e vivem sob a administração do rei do Círculo de Bomang. Pagam regularmente o imposto jhum ao rei durante um festival chamado "Rajpunyah". Um juiz nomeado pelo rei, chamado "Roazer", resolve os litígios públicos. Os Khumis, no entanto, são muito entusiastas na participação em funções sociais. Existem duas seitas na sociedade Khumi. Uma seita, que vive num estuário, chama-se Awa e a outra, que vive perto de uma nascente onde começa a correr um rio, chama-se Aphi-ya. A sociedade Khumi baseia-se numa estrutura patriarcal. O filho mais velho sucede ao pai, herda todos os bens e torna-se o chefe de família. A identidade de um clã é importante para eles e o casamento Khumi é proibido dentro do mesmo clã. Os Khumis honram as pessoas idosas e mantêm a estrutura de classes sociais.

2.6 Relação matrimonial

A sociedade Khumi é patriarcal. Dão muita importância à identidade do clã e o casamento dentro do mesmo clã é estritamente proibido. No entanto, a sua sociedade não é muito rígida no que respeita à intimidade entre um jovem e uma mulher sem casamento. No entanto, se essa intimidade resultar em gravidez, as suas tradições ditam que o homem em causa tem de casar com a respectiva mulher. A função de examinar as marcas do bem e do mal é normalmente realizada através do abate de um galo antes da cerimónia de casamento. A língua do galo morto é retirada depois de cozida. Se as veias de ambos os lados da língua correrem a direito, o casamento é considerado auspicioso e, se não correr, considera-se que o casamento é mau. Embora o casamento se realize sem cerimónia, é organizada uma grande festa nupcial. Não existe um sistema de dissolução do casamento na sociedade Khumi.

2.7 Casas de habitação

Os Khumis, que preferem viver em grupo, constroem casas com bambus e gulpata (folhas de uma pequena árvore parecida com a palmeira-leque) no cimo das colinas. Nalguns locais, as casas também são construídas nos ramos das árvores. Fortalecem a sua aldeia com cercas duras ou barricadas para resistir à intrusão de outros. No passado, até tinham sentinelas à volta da aldeia. No entanto, esta prática de colocar sentinelas é atualmente rara.

Foto: Casa de habitação Khumi

2.8 Vestir

Os vestidos que os Khumis usam são fabricados nos seus próprios teares manuais. Os homens Khumi usam *lengti* (roupa comprida e estreita para as nádegas). Deixam uma parte do *lengti* pendurada na frente e nas costas, abaixo da cintura. Têm cabelo comprido e usam turbantes brancos. As mulheres Khumi usam *wanglai*, um pedaço de tecido com 9 a 14 polegadas de largura. As mulheres não cobrem a parte superior do corpo, mas penduram ornamentos de prata e *puti* no pescoço. Tanto os homens como as mulheres usam vestidos tradicionais quando participam em festivais. Os trajes confeccionados pelos Khumis representam sempre a sua própria cultura e tradições.

Fotografia: Vestido tradicional Khumi

2.9 Ornamentos

As mulheres decoram-se com vários tipos de jóias. Estas são feitas de diferentes metais, incluindo prata, contas de vidro, cobre e latão. As mulheres usam fios de contas de vidro como colares, pulseiras (kuchi kharu), brincos (karan bairu), ganchos para o cabelo (chhang kelong), um objeto em forma de flor usado num carrapito (chhayam-chha), pulseiras (kachhi), correntes para o pescoço (rueet), colares (ni-dha), correntes para a cintura (chhangka), etc.

Fotografia: Khumi Ornaments

2.10 Vida económica

Tal como outros grupos étnicos, os Khumis vivem do cultivo do jhum. Para além do envolvimento tradicional e histórico no Jhum Chash (cultivo de pântano) durante centenas de anos, os Khumi inventaram recentemente os sistemas de Bagan (jardinagem), Khamar (agricultura), criação de gado e piscicultura para fazer face à crescente procura de bens essenciais na vida quotidiana. O Bagan inclui normalmente o cultivo de vários tipos de árvores de fruto, como a manga, a laranja, a banana, a jaca, a goiaba, a papaia e o limão. Os produtos de Bagan satisfazem não só as necessidades das comunidades, mas também proporcionam um excedente considerável para exportação para o mercado, o que traz um pouco de conforto à sua vida. Khamar inclui a produção de diferentes tipos de especiarias e legumes, que cobrem as suas necessidades quotidianas. Em certa medida, os produtos de Khamar também são vendidos no mercado, proporcionando dinheiro para facilitar a sua vida quotidiana. Os Khumi tendem a manter vários animais - vacas, porcos, galinhas, cabras e cães - em cada casa. Estes são essenciais para a manutenção de todas as suas convenções e rituais, bem como para as festas religiosas, porque apresentar galinhas, abater vacas e sacrificar porcos são os meios comuns de realizar os rituais e as festas religiosas dos Khumi. Anteriormente, tinham poucos animais e tinham de depender de outras comunidades em tempos de necessidade. Agora, têm o seu próprio gado. O mais notável é o facto de os Khumi terem começado a cultivar peixe em Jhiri, um pequeno lago de escoamento da colina, para complementar as suas refeições diárias. Anteriormente, não podiam incluir peixe nas suas refeições por razões sensatas: residem numa zona remota da CHT e o peixe costumava apodrecer nos dois dias que os Khumi demoram a viajar de Bazar (o mercado) para as suas aldeias. É por isso que o peixe estava completamente ausente da refeição diária dos Khumi. Ao inventar este novo tipo de estratégias de subsistência, juntamente com o tradicional Jhum Chash, o povo Khumi está a transformar o seu contexto social e cultural. Ao levarem regularmente os seus produtos de Bagan e de Khamar para o mercado, têm vindo gradualmente a estabelecer contactos com a cidade e as comunidades urbanas ao longo dos últimos anos, o que desempenha um papel importante na transformação das suas instituições sociais e culturais (http://prekgeo-khumi.blogspot.com/). Tanto os homens como as mulheres da comunidade Khumi são trabalhadores esforçados. Hoje em dia, a sua inclinação para a educação moderna é cada vez maior e participam extensivamente em actividades financeiras sob a supervisão de várias organizações não governamentais (ONG), o que lhes permite desenvolver as suas capacidades económicas numa base sólida. Algumas delas, no entanto, começaram a conquistar uma posição nos mercados de trabalho à medida que foram adquirindo literacia.

2.11 Artesanato

Os Khumis desenvolveram um estilo de vida distinto. O artesanato que fabricam reflecte a tipicidade da sua cultura e das suas tradições. Os produtos que fabricam a partir de materiais disponíveis nos arredores selvagens são também a prova do seu artesanato requintado. Utilizam bambus, canas e madeira para produzir diferentes tipos de panelas e cestos, incluindo o que transportam às costas. Utilizam também cascas secas e duras de uma espécie de cabaça selvagem para fazer diferentes materiais domésticos. Numa palavra, o belo artesanato é a marca da sua soberba capacidade criativa.

2.12 Alimentação

O seu alimento básico é o arroz tufado e a bebida principal é a cerveja. A cerveja é uma parte indispensável da sua cultura. Utilizam a cerveja para o culto, para os assuntos domésticos e como bebida para qualquer ocasião. Os Khumis são muito hábeis na caça de animais selvagens. A carne dos animais caçados constitui um dos seus pratos favoritos. Comem a carne de qualquer animal doméstico ou selvagem, como tigres, veados, vacas, javalis, cães, chacais, galos, ursos, búfalos e cobras. Não existe qualquer proibição na seleção dos alimentos. Além disso, consomem uma grande quantidade de legumes, que crescem em abundância nas colinas. A dieta melhorada, com frutos e vinho ilimitado, é servida nas festas. Normalmente, fabricam, com as suas próprias mãos, estimulantes nervosos como o tabaco e os charutos.

2.13 Religião

Os khumis são geralmente budistas. No entanto, as suas crenças e práticas revelam visões animistas e politeístas. Prestam homenagem a *Pathian*, o Criador. Os outros dois deuses que honram são *Nadag*, a divindade doméstica, e *Bogley*, o deus da água. Os Khumis têm semelhanças com os Murongs na observância do *puja* de abate de vacas. Usam a flauta *plung* dos Murongs, embora não dancem em grupo como os Murongs. Um homem Khumi dança com uma mulher ao seu lado durante esta cerimónia. *A puja de Nadag* é celebrada antes do cultivo do jhum e também antes da colheita. Um cão, um javali e um número ímpar de galos e galinhas são oferecidos como sacrifício na margem do rio durante esta festa. As pessoas dançam e cantam cerimonialmente. A carne sacrificada é cozinhada e um pedaço de carne estufada é colocado na margem do rio antes de se consumir a carne sacrificada.

2.14 Nascimento

O nascimento de uma criança numa família Khumi é considerado como um bom presságio. A mulher grávida tem de observar uma série de ritos tradicionais até à data do parto. Quando o bebé recupera da ferida no umbigo, dão-lhe o nome dos seus antepassados. Durante a cerimónia de atribuição do nome, o pulso da mãe é enrolado sete vezes num fio quando os participantes desejam ao recém-nascido, dizendo: 'Que Deus te dê boa saúde e um futuro brilhante! É sua crença que uma alma que partiu regressa à vida mortal através de um recém-nascido. As orelhas dos rapazes, raparigas e crianças são furadas na sociedade Khumi. As crianças são socializadas através de um corte de cabelo.

2.15 Morte

Se alguém morrer na sociedade Khumi, o cadáver é mantido numa casa durante quatro ou cinco dias. Durante esse período, os tocadores de tambor tocam os seus tambores, pois acreditam que isso atenuará o sofrimento do morto. Depois, o cadáver é cremado e as cinzas são guardadas numa casa construída ao lado da terra ardente. As roupas e as armas, utilizadas pelo defunto durante a sua vida terrena, são também guardadas nesta casa. Isto porque os Khumis acreditam que a alma que partiu necessitará destas coisas na sua viagem para a vida futura. A festa fúnebre é organizada um ano após a morte de uma pessoa.

2.16 Cultura

Tal como outros grupos étnicos das regiões montanhosas, os Khumis têm os seus próprios sistemas recreativos. Tanto os homens como as mulheres participam num festival de dança chamado Lamnah. Há um outro programa de dança chamado Charanah, que é organizado para celebrar a vitória numa guerra. Cerca de 20 a 25 jovens participam nesta atividade e giram ao som dos tambores. É também conhecida como a dança da vitória. Quando os dançarinos se movem em círculo, alguns deles também tomam licor cru. Os Khumis também têm a tradição de dançar durante um rito fúnebre. Tocam frequentemente dois dos seus principais instrumentos musicais, o Alung e o Atong, para exprimir a sua imensa alegria. Os Khumis têm uma rica coleção de lendas, fábulas e mitos, que foram transmitidos oralmente através de gerações sucessivas. Além disso, celebram o festival de Nabanya (uma cerimónia observada quando se come arroz novo pela primeira vez) no mês de Agrahayan e o dia de Ano Novo no primeiro dia de Baishakh - tudo de acordo com o calendário vernacular. As raparigas enfeitam-se com flores silvestres e juntam-se à festa do dia de Ano Novo.

Embora em número marginal, os Khumis que vivem nos Chittagong Hill Tracts há séculos conseguiram manter intactos os seus valores e a sua cultura. No passado, a escravatura existia na sociedade Khumi. Uma das suas boas qualidades é o facto de, apesar de serem, por natureza, impiedosos, nunca atacarem ninguém que pertença ao seu próprio clã. A vida em bando, o seu estilo de vida caraterístico, os vestidos típicos que usam, as formas variadas de dançar e cantar e a ordem social intacta são caraterísticas inevitáveis da sua cultura e dos seus valores.

CAPÍTULO 3: ÁREA DE ESTUDO

3.1 Descrição da zona de estudo

O presente estudo foi efectuado em Bandarban, uma parte da divisão de Chittagong e dos Chittagong Hill Tracts. Bandarban é também conhecida como Arvumi ou círculo Bohmong. Bandarban é a cidade natal do chefe Bohmong (Wikipédia, 2007). O distrito de Bandarban foi criado em 1983. É constituído por 7 Upazilas, 32 Uniões, 140 Mouzas, 1482 Aldeias, 1 Município, 10 Alas e 62 Mahallas. As upazilas são Bandaban Sadar, Rowangchari, Ruma, Thanchi, Lama, Alikadam e Naikhoncchari (Rahman, 2004). A posição geográfica, a topografia, o clima e a vegetação são aqui brevemente descritos.

3.2 Geografia

O distrito montanhoso de Bandarban, situa-se no extremo sudeste do Bangladesh entre. 21°11′ e 22°22′ de latitude norte e entre 92°40′ e 92°41′ de longitude leste. Este distrito tem uma área de 4479,04 quilómetros quadrados (Mazid 2004; www. bandarban.org). Faz fronteira com o distrito de Rangamati a norte, Arakan (Myanmar) e o rio Naf a sul, Arakan e o distrito de Rangamati a leste e Chittagong e o distrito de Cox's Bazar a oeste (Rahman, 2004).

3.3 Topografia

Bandarban (4.479 km^2) não é apenas o distrito mais remoto do país, mas também o menos povoado (cerca de 292.900 habitantes). Os três picos mais altos do Bangladesh - Tahjindong (1280 metros, também conhecido por bijoy), Mowdok Mual (1052 metros) e Keokradong (1230 metros) - estão situados no distrito de Bandarban, bem como o lago Raikhiang, o lago mais alto do Bangladesh, o pico Chimbuk e o lago Boga, que são outras duas caraterísticas notáveis do distrito. O pico mais alto do Bangladesh, Saka Haphong (3488 pés), foi recentemente registado em Thanchi upazila (Wikipedia, 2007). Bandarban é constituído maioritariamente por florestas e colinas. Em Bandarban, 90% do território é montanhoso (Khisa, 1998). As quatro principais cadeias montanhosas do distrito são Meranja, Wailatong, Tambang e Politai. O Bagakain ou Lago Baga é notável (Rahman, 2004)

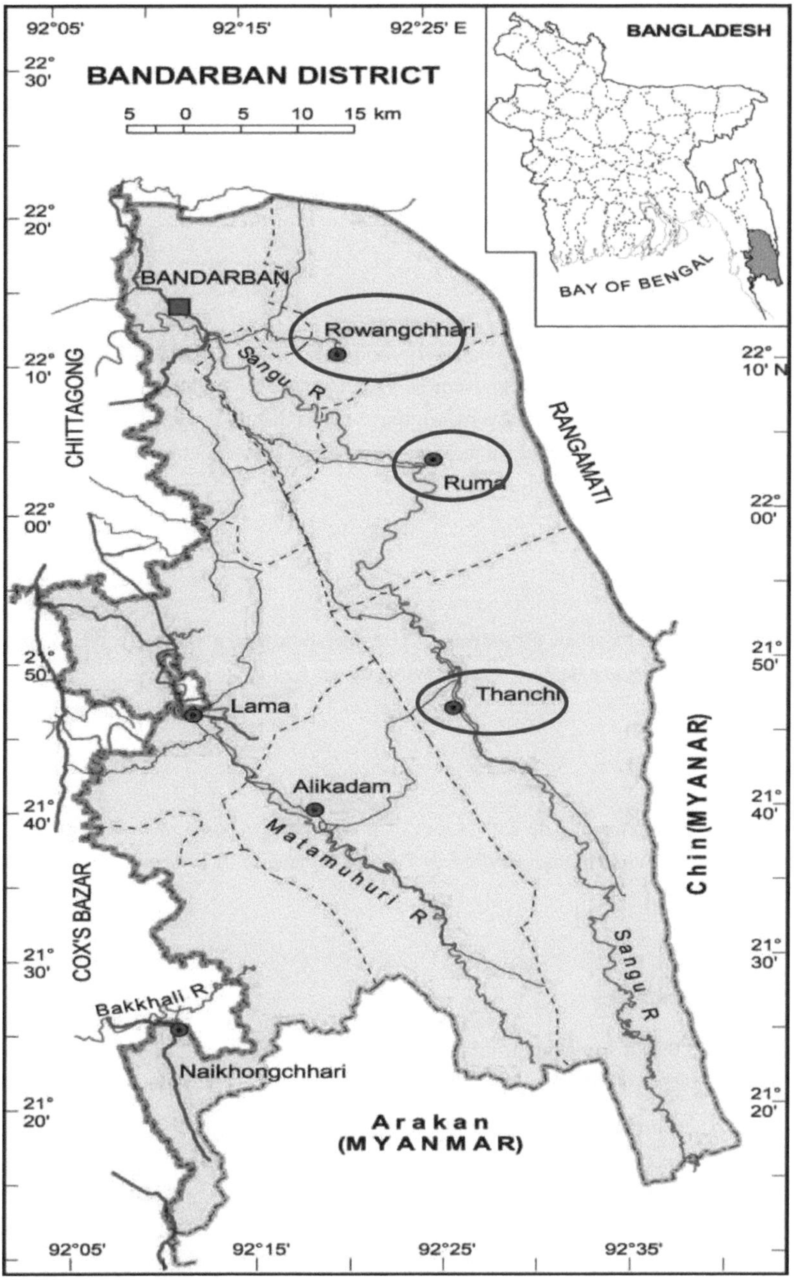

Fig. 1: Mapa do distrito de Bandarban, Bangladesh, Chittagong.

3.4 Principais sistemas fluviais na área de estudo

O distrito também possui os rios Sangu, também conhecido como Sangpo ou Shankha, o único rio que nasce dentro do território do Bangladesh. Os outros rios do distrito são o Matamuhuri e o Bakkhali. O maior e mais belo lago artificial do lago Kaptaiedia.org/wiki/Kaptai_Lake" \o "Kaptai Lake" p"http://en.wiki HYPERLINK cobre algumas partes de Bandarban (Wikipedia, 2007)

3.5 Clima

O clima do distrito de Bandarban é caracterizado por um clima tropical de monção. Há três estações principais: a estação seca (novembro a março), que é relativamente fresca, soalheira e seca, a estação pré-monção (abril e maio), que é muito quente e soalheira, com aguaceiros ocasionais, e a estação das chuvas (junho a outubro), que é quente, nublada e húmida (Ismail e Mia, 1972).

3.6 Temperatura

A temperatura de Bandarban é moderada. A temperatura média mensal é de $25,7^0$ C e a temperatura média anual é de $34,6^0$ C e a mínima de 13^0 C.

3.7 Precipitação

A precipitação média anual é de 2865,4 mm. A precipitação máxima mensal média é de 679 mm em julho e a mínima mensal média é de 7,4 mm em janeiro. A precipitação média anual é de 3031 mm.

3.8 Principais profissões

Agricultura 43,09%, silvicultura 4,14%, trabalhadores agrícolas 18,73%, trabalhadores assalariados 7,09%, comércio 7,33%, serviços 8,52%, outros 11,1%.(Rahman, 2004)

3.9 População

A população total é de 292900 habitantes, dos quais 53,39% homens e 46,61% mulheres; 47,62% muçulmanos, 38% budistas, 7,27% cristãos, 3,52% hindus e 3,59% outros (Banglapedia, 2006)

3.10 Etnia

Existem pelo menos 12 comunidades étnicas a viver aqui, incluindo Bawm, Chak, Chakma, Kheyang, Khumi, Lushai, Marma, Mro. Pangkhoa, Rakhaing, Tanchanga, Tripura (Cultural Survey of Bangladesh, Series- 5). Cada comunidade tem a sua própria cultura distinta e um modo de vida único. A população do distrito aumentou drasticamente nos últimos 30 anos. Estes grupos étnicos estão novamente divididos em centenas de clãs e seitas, dominados principalmente por quatro linhas religiosas - budismo, cristianismo, hinduísmo e animismo (Wikipedia, 2007). Estas comunidades são diferentes umas das outras de diferentes pontos de vista, tais como hábitos, cultura, hábitos alimentares, habitação, utilização de plantas, etc.

3.11 Vegetação

As colinas são impróprias para o cultivo, mas a vegetação natural permanece em grande parte. O cultivo de jhum é praticado nas encostas das colinas. Os penhascos cobertos de vegetação densa (árvores, arbustos, trepadeiras, selvas, etc.) contrastam totalmente com a maioria dos outros distritos do Bangladesh, que consistem principalmente em terras aluviais planas. A vegetação natural é mais visível nos vales de Rain-khyong do distrito de Bandarban. Este distrito fornece madeira valiosa que é utilizada para vários fins, para além de fornecer madeira e bambu às fábricas de papel de Karnaphuli e às fábricas de rayon situadas em Chandraghona (www.bangaldesh travelhomes.com).

O distrito de Bandarban tem uma área de 4479,03 km2. Deste total de terras, as terras florestais ocupam 280473,29 hectares, as terras agrícolas 100945,44 hectares e os pousios 146285,45 hectares. Cerca de 52,15% das terras são utilizadas para o cultivo de jhum e a plantação de frutos (Uddin, 2001; Banglapedia, 2004). As principais culturas agrícolas são o arroz, a mostarda, o algodão, o tabaco e os produtos hortícolas. Os principais frutos são a banana, o ananás, a jaca, a laranja e a papaia.

A cobertura florestal do Bangladesh é de apenas 17%. A floresta não é de coníferas nem de prados como a selva ou a savana, mas sim uma floresta fofa e montanhosa que enriquece as montanhas com uma beleza cénica verdejante durante todo o ano. Os tipos de floresta de Bandarban são sempre-verdes e semi sempre-verdes e têm um carácter distinto.

As colinas, os rios e os penhascos estão cobertos por densas clareiras de bambu, árvores altas, arbustos e selvas de trepadeiras. Os vales estão cobertos por uma floresta densa. A vegetação é caracterizada por uma vegetação semi-perene (caducifólia) a tropical perene, dominada por árvores altas pertencentes a Dipterocarpaceae Euphorbiaceae, Lauraceae, Leguminosae e Rubiaceae.

A floresta perenifólia é densa, com um estrato superior irregular de árvores excecionalmente grandes e altas, caracterizada por uma flora rica. Este tipo ocorre normalmente em vales profundos onde o abastecimento de água é abundante. As árvores componentes mais importantes da floresta tropical são *Artocarpus chaplasha, Swintonia floribunda, Toona ciliata, Bursera serrata, Aphanomixis polystachya, Phyllanthus embelica, Hopea odorata* e espécies de *Albizia, Dipterocarpus* e *Michelia* (Khan, 1991). A altura dos andares é geralmente de 50-70m. As espécies mais comuns no piso mais baixo são *Lagerstroemia speciosa, Mangifera sylvatica, Saraca asoca, Trewia nudiflora, Microcos paniculata, Ficus cunea. Pterospermum acertifolium, Syzygium* spp., *Quercus* spp. etc. Atingem uma altura de 30 a 50 m.

As árvores têm, por vezes, epífitas que crescem sobre elas, incluindo orquídeas, fetos e aliados de fetos. *Cymbidium aloifolium, Dendrobium aphyllum, Aerides odoratum* são as espécies de orquídeas mais comuns nestas áreas (Huda *et al.*, 1999). As espécies de fetos mais comuns são *Asplenium nidus. Dryanaria quercifolia, Drymoglossum* spp. *Pyrrosia* spp. (Uddin *et al.*, 1998).

Existem algumas florestas semidecíduas, este tipo de floresta ocorre esporadicamente no território e é encontrado em novas terras aluviais nas margens dos rios e em áreas baixas em torno de riachos. As principais espécies arbóreas desta floresta são *Duabanga grandiflora. Dillenia pentagyna, Gmelina arborea, Bombax insigne, Cassia fistula, Firmiana colorata* e *Sterculia villosa* (Khan, 1991). Existe uma densa vegetação rasteira de árvores pequenas e atrofiadas de folha perene e algumas espécies de ervas daninhas como *Eupatorium odoratum, Hyptis suaveolens, Alpinia nigra, Alpinia conchigera e Amomum delbatum* e muitas espécies de Zingiberaceae e Araceae (Uddin, 2001).

Há também alguns bambus e pastagens. O bambu é encontrado em abundância nas florestas tropicais e nas florestas semidecíduas. Ocorrem quer em manchas puras, quer como vegetação rasteira de outros tipos de florestas. No total, existem cerca de oito espécies de bambu disponíveis na área (Alam, 1982), tais como: *Melocanna baccifera, Bambusa tulda, Schizostachyum dulloa* e *Dendrocalamus longispathus*, etc. Os prados desenvolvem-se na sequência de abates e limpezas, e ao longo das margens dos rios e pântanos, sendo as espécies mais comuns a *Imperata cylindrica* e *o Saccharum spontaneum*. Existem algumas árvores e arbustos, como espécies de *Ficus, Antidesma, Artocarpus* e *Ardisia*, etc., que formam "savanas arbóreas" (Uddin, 2001).

3.12 Informadores

Foi selecionado um total de 30 informadores para entrevista na tribo em estudo (Quadro 1).

Destes, 57% eram homens e 43% mulheres.

Quadro-1: Lista de informadores e respectiva idade, localidade e profissão

Sl.N.	Nome	Idade	Sexo	Profissão	Localidade
1.	Lonang khumi	41	M	Agricultor	Sangking para, Rowangchari, Bandarban.
2.	Loring khumi	25	M	Agricultor	Profumong para, Ruma, Bandarban.
3.	Aeowhoy khumi	50	F	Dona de casa	Sangking para, Rowangchari, Bandarban.
4.	Sangleye khumi	48	F	Dona de casa	Longthang para, Rowangchari, Bandarban.
5.	Kithung khumi	70	M	Ervanária	Sangking para, Rowangchari, Bandarban.
6.	Liong khumi	57	F	Dona de casa	Ongtong para, Rowangchari, Bandarban.
7.	Kyhoy khumi	48	M	Agricultor	Ongtong para, Rowangchari, Bandarban.
8.	Beowla khumi	50	F	Dona de casa	Kholain para, Ruma, Bandarban
9.	Aeowpa khumi	54	F	Dona de casa	Kholain para, Ruma, Bandarban
10.	Langsy khumi	48	M	Agricultor	Kholain para, Ruma, Bandarban
11.	Suiney khumi	28	M	Agricultor	Litong para, Ruma, Bandarban
12.	Reowling khumi	50	M	Agricultor	Litong para, Ruma, Bandarban
13.	Nangsoy khumi	28	M	Agricultor	Rutong para, Ruma, Bandarban.
14.	Aeownoy khumi	57	F	Dona de casa	Rutong para, Ruma, Bandarban.
15.	Nangthang khumi	54	M	Agricultor	Rutong para, Ruma, Bandarban.
16.	Lushai khumi	27	M	Agricultor	Keteye para, Ruma, Bandarban.
17.	Kopa khumi	34	F	Dona de casa	Keteye para, Ruma, Bandarban.
18.	Sangking karbari	50	M	Diretor	Sangking para, Rowangchari, Bandarban.
19.	Rui em khumi	53	F	Dona de casa	Litong para, Ruma, Bandarban
20.	Lingpa khumi	25	F	Dona de casa	Kamshe para, Thanchi, Bandarban
21.	Kynang khumi	26	F	Dona de casa	Kamshe para, Thanchi, Bandarban
22.	Nanglong khumi	23	M	Agricultor	Kamshe para, Thanchi, Bandarban
23.	Pré na khumi	22	F	Mulher doméstica	Sangking para, Rowangchari, Bandarban.
24.	Losoy khumi	25	F	Dona de casa	Profumong para, Ruma, Bandarban.
25.	Linghoy khumi	25	F	Dona de casa	Longthang para, Rowangchari, Bandarban.
26.	Konang khumi	27	M	Agricultor	Longthang para, Rowangchari, Bandarban.
27.	Kenong khumi	43	M	Agricultor	Longthang para, Rowangchari, Bandarban.
28.	Lalthong khumi	25	M	Estudante	Profumong para, Ruma, Bandarban.
29.	Shiang khumi	35	M	Empregado	Bandarban
30.	Linglang khumi	30	M	Empresas	Ongtong para, Rowangchari, Bandarban.

CAPÍTULO 4: MÉTODOS DE ESTUDO

O sucesso da documentação etnobotânica depende da relação de cooperação entre o investigador e os informadores locais. É muito importante localizar informadores conhecedores para o estudo da etnobotânica (Given e Harris, 1994; Rao, 1989).

A recolha de dados através da utilização de uma metodologia ou de técnicas adequadas é uma parte essencial de qualquer investigação. As técnicas são instrumentos e a escolha de uma em detrimento de outra depende dos objectivos e da abordagem teórica do estudo, das condições do terreno e dos conhecimentos do investigador (Alexiades, 1996). O trabalho de campo etnobotânico é uma arte e uma competência praticada e concebida pelos profissionais e investigadores. Muitas pessoas utilizam o seu próprio estilo. Existem várias técnicas recomendadas para o estudo etnobotânico, tais como: i) observação direta ou participante, ii) entrevista com lista de verificação, iii) entrevista em grupo iv) entrevista no terreno, v) entrevista com plantas e vi) estudo de mercado (Alcorn, 1984; Clammer, 1984; Berlin, 1992; Martin, 1992; Phillips e Gentry, 1993a e Alexiades, 1996). Todas estas técnicas foram seguidas, exceto a entrevista de lista de controlo.

4.1 Métodos diferentes

4.1.1 Observação **direta ou participante**

Neste método, os etnobotânicos ficam com os informadores quando estes recolhem e colhem plantas, observam a utilização de plantas medicinais, o modo de utilização e registam-nas. Observa-se aqui uma interação humana-planta perfeita, tal como a forma como recolhem e utilizam as plantas. Trata-se de um dos melhores métodos de recolha de dados etnobotânicos, uma vez que a informação recolhida através da observação participante é altamente fiável e esta técnica é particularmente valiosa para documentar a utilização das plantas (Alexiades, 1996). Contudo, neste método, os etnobotânicos têm de permanecer com os informantes durante muito tempo e não é muito seguro para os etnobotânicos permanecerem com as tribos durante vários dias continuamente.

4.1.2 Entrevista da lista de controlo

Também se pode apresentar aos informadores uma lista de plantas e perguntar-lhes as suas utilizações. Este pode ser um método alternativo para plantas bem conhecidas, mas está sujeito a erros devido à variação na capacidade de reconhecer plantas. Uma vez que não existe qualquer trabalho etnobotânico anterior na zona, nem uma Flora do CHT (ou, aliás, do Bangladesh), este método não é adequado para o presente estudo.

4.1.3 Entrevista de grupo

Nas entrevistas de grupo, o etnobotânico realiza entrevistas com vários informadores de cada vez. Para além de ser muito difícil organizar um grupo de herboristas praticantes ('Baiddya') de várias áreas diferentes do CHT devido ao sistema de comunicação deficiente, é uma perda de tempo para eles e são reservados na presença de outros herboristas. Pensam que, se partilharem conhecimentos com outros ervanários, a sua profissão será economicamente prejudicada. Mas, felizmente, no presente estudo, este método foi utilizado.

4.1.4 Entrevista no terreno

Isto também é referido como uma 'entrevista de ensacamento' (Alcorn, 1984), 'entrevista de caminhada na floresta' (Phillips e Gentry, 1993b) ou 'inventário etno-botânico' (Boom, 1978). A entrevista de campo consiste em caminhar numa ou mais zonas de vegetação com um informante, recolhendo e tomando notas sobre as plantas e as suas utilizações. As plantas são mostradas ao investigador pelos informantes que descrevem a sua utilização. As vantagens das entrevistas de campo incluem o facto de os informadores poderem ver as plantas no seu estado natural, minimizando assim o risco de identificação incorrecta, e de o contexto da própria entrevista poder levar à descoberta e discussão de novas questões importantes (Alexiades, 1996).

4.1.5 Entrevista com a fábrica

Numa variação da técnica de entrevista de campo, as plantas podem ser recolhidas no campo, trazidas de volta para a aldeia e apresentadas aos informantes (Alcorn, 1995; Boom, 1978). Os dados sobre os usos das plantas podem então ser obtidos. Este método é conhecido como a técnica de 'entrevista com plantas'.

4.1.6 Entrevista fotográfica

Quando são aplicados diferentes tipos de métodos, são tiradas fotografias de plantas e, por vezes, são recolhidas fotografias de diferentes fontes, que são depois apresentadas aos informadores para obterem informações. É uma forma significativa de documentar uma grande quantidade de informação num curto espaço de tempo. Mas neste método a planta nem sempre pode ser identificada pelos informadores.

4.1.7 Estudo de mercado

Os mercados são fontes ricas de informação etnobotânica (Bye, 1986; Martin, 1992; Van Den Berg, 1984; Bye e Linares, 1983). Neste método, a informação é recolhida em diferentes mercados onde as populações tribais vendem frutos, legumes, plantas medicinais e outros produtos vegetais. A acessibilidade dos mercados, o grande número de pessoas envolvidas e o carácter público do próprio espaço do mercado oferecem condições favoráveis para o trabalho de campo. (Coe e Anderson, 1996).

4.2 Técnicas de entrevista

A entrevista é um processo dinâmico que envolve interações orais entre duas ou mais pessoas. O seu valor como instrumento de investigação depende do contexto em que tem lugar e das competências do entrevistador (Alexiades, 1996). Existem algumas técnicas básicas de entrevista, que são utilizadas habitualmente pelos etnobotânicos no terreno, e que são as seguintes

i) Aberta e semi-estruturada,

ii) Questionários estruturados,

iii) Não estruturado e

iv) Entrevista informal (Martin, 1995; Alexiades, 1996).

A documentação etnobotânica é um trabalho de campo. Mas o trabalho no terreno nem sempre é seguro. Basicamente, a comunidade tribal vive numa zona florestal, pelo que é arriscado para o investigador transportar equipamento de campo valioso, como máquinas fotográficas, gravadores, bússolas, etc., no trabalho de campo, uma vez que isto atrai ladrões. Em alguns casos, não há comunicação direta com a aldeia a partir da cidade distrital. A única forma de se deslocar para a aldeia é a pé. É uma perda de tempo. A língua é um dos problemas mais importantes porque a maior parte deles não fala a língua Bangla e o autor também não fala a língua deles, pelo que a troca de informações é dificultada. O autor teve de nomear um intérprete que se deslocou de bom grado com o autor. A variação sazonal é um fator importante para a recolha de espécimes, porque na estação das chuvas é difícil secar os espécimes e na estação seca a parte aérea da planta seca, assim como as populações tribais fazem fogo na floresta para a agricultura itinerante.

As populações tribais não estão dispostas a partilhar os seus conhecimentos sobre plantas medicinais com outras pessoas, especialmente com os Bangali. Mantêm o sigilo sobre as plantas medicinais porque acreditam que os medicamentos perdem a sua eficácia se demasiadas pessoas os conhecerem e também porque receiam perder em termos económicos (Pal e Jain, 1998). Muitas vezes têm a sensação de que as pessoas de fora consideram os seus costumes engraçados e não gostam de se expor a pessoas de fora (Pal e Jain, 1998). Assim, os informadores foram convencidos através de várias técnicas. Em primeiro lugar, foi dada ênfase à necessidade de os fazer compreender que a informação seria preservada para benefício dos seus filhos e das gerações futuras. Como os seus filhos não adoptam frequentemente a profissão, após a sua morte, a maior parte dos conhecimentos sobre plantas medicinais desaparecerá para sempre. Por vezes, foram oferecidas prendas em troca da sua informação. Frequentemente os informadores são muito pobres, por isso é muito difícil para eles passarem muito tempo com o investigador e é necessário pagar para os trazer para o campo.

No início, os contactos iniciais são muito importantes para obter uma ideia sobre a área e as pessoas (Coe e Anderson, 1996). Algumas pessoas que podem ajudar na fase inicial são o chefe da zona ou o pessoal do departamento florestal ou os líderes tribais locais ou professores e estudantes desta zona, etc. Depois de obter informações sobre a zona e de algumas visitas ao terreno, a zona de estudo foi finalmente selecionada. Assim, todos estes problemas acima mencionados foram tidos em conta e os métodos foram selecionados.

O primeiro passo é contactar o chefe ou a pessoa respeitável da comunidade que ajuda a encontrar as pessoas conhecedoras ou herboristas da zona, contactá-los e pedir-lhes que ajudem os investigadores. As pessoas locais também pediram para obter informações mais fiáveis sobre os ervanários e os seus conhecimentos. Depois de obter informações satisfatórias, o ervanário foi selecionado para as entrevistas. Embora o autor não conheça a língua tribal, foi necessário um intérprete fiável que compreendesse tanto o bengali como a língua tribal. Este intérprete foi pago pelo autor. Por vezes, o chefe da comunidade ajudou como intérprete, uma vez que tem conhecimentos de bengali.

A documentação foi feita através de entrevistas aleatórias aos ervanários, homens e mulheres idosos. Na técnica de entrevista no terreno, os informadores acompanham o autor e os dados foram recolhidos no terreno. Durante a entrevista, a informação foi anotada na folha de dados da documentação (Fig. 2) e os espécimes foram recolhidos do campo num saco de polietileno.

Para obter informações sobre a utilização de plantas medicinais, foi utilizada a técnica de entrevista às plantas no máximo de casos, porque os informadores estão por vezes demasiado ocupados ou não se consideram aptos a acompanhar o autor no terreno. Foram recolhidas amostras de plantas frescas e levadas aos informadores. Os informadores identificaram algumas das plantas e descreveram a sua utilização. Estas conversas também foram documentadas e registadas. Este método consome menos tempo do que as entrevistas no terreno e a entrevista com plantas permite incluir mais informadores num determinado período de tempo (Alexiades, 1996). Por vezes, não é possível identificar corretamente as plantas porque foram recolhidas pequenas secções de grandes arbustos e árvores. Este é um dos inconvenientes deste método. Outra técnica adoptada para ultrapassar este problema é a apresentação de fotografias a cores das plantas, quando disponíveis.

As entrevistas foram realizadas através da adoção de uma técnica de perguntas abertas e semi-estruturadas. Foi elaborada uma ficha de documentação para facilitar a entrevista. É apresentada a seguir.

Foi elaborada uma ficha de documentação (Fig. 2) com base em Alcorn (1984), Jain (1989), Martin (1995), Cotton (1997) e Alam (1998).

FICHA DE DOCUMENTAÇÃO ETNOBOTÂNICA

N.º de série ... ... Data ... ...

Informadores

Nome ... ... Idade ... ...

Profissão ... ... Sexo : M / F ... .

Endereço ... ...

Informações sociais

Nome da tribo ... ... Tamanho da população ... ...

Economia / Modo de vida... ... ...

Língua ... ...

Informações sobre a utilização das plantas

Nome científico ... ...

Nome local ... ... Nome tribal ... ...

Família ... ...

Habitat ... ...

Doença/patologia tratada ... ... Peças utilizadas ... ...

Utilizar informações ... ...

Modo de utilização ... ...

Doses ... ... Duração do tratamento ... ...

Frequência da espécie ... ... Status : Selvagem / cultivado

Nota ... ...

... ...

Fig. 2: Exemplo de ficha de documentação

CAPÍTULO 5: ENUMERAÇÃO TAXONÓMICA

O objetivo deste trabalho etnobotânico é documentar a informação sobre a utilização de plantas e as fontes económicas de plantas, tais como: medicina, artesanato, artigos domésticos, alimentos e outras informações culturais que estão intimamente relacionadas com as plantas da comunidade Khumi, para fornecer uma lista destas plantas com a sua família e informação de utilização.

Para documentar as plantas de Khumi foram aplicadas várias técnicas. Entre elas, a entrevista direta, a entrevista de grupo, a entrevista de campo e a entrevista de plantas foram as principais técnicas seguidas para este projeto. Durante a documentação, foram recolhidos espécimes de voucher e foram preparados espécimes de herbário com esses espécimes. Foram tiradas fotografias dessas plantas. Os espécimes foram identificados em consulta com os especialistas, através de vários estudos de herbário por comparação de espécimes de herbário e através do estudo de várias literaturas disponíveis. A descrição foi comparada com Hooker (1872-1897), Prain (1903), Hasan (1971), Heinig (1925), Sinclair (1956), Huq e Khan (1984), Bakshi (1984), Dassanayake e Fosberg (1980-1991), Rahman e Willcock (1993), Enciclopédia da Flora e da Fauna do Bangladesh (2007-2009).

Para encontrar as nomenclaturas actuais, foi consultada a seguinte literatura: Medicinal Plants of Bangladesh (2009), Encyclopedia of Flora and Fauna of Bangladesh (2007-2009), Different volumes of Flora of Bangladesh (1972-), Flora of Murshidabad (1984), An Enumeration of the Tree Species of Chittagong District (1998), Plants name of Bangladesh (1986), A Revised Handbook to the Flora of Ceylon (1980-1991) e reimpressões relevantes disponíveis nas bibliotecas da Universidade de Chittagong, Chittagong BCSIR Laboratory.

A lista atual das espécies vegetais utilizadas pelos Khumi foi organizada por ordem alfabética e apresentada com uma nomenclatura actualizada. Os nomes vernáculos disponíveis em bangla, khumi e inglês de todas as espécies também são indicados. As utilizações destas plantas, incluindo o seu modo de utilização, também foram indicadas.

Abelmoschus moschatus (L.) Medic. (Malvaceae)

Designação vernácula: Mushakdana

Nome Khumi: Taowi-akangnay

Nome inglês: Musk mallow

Uma planta anual alta; caule coberto de pêlos longos. Folhas polimorfas, as inferiores ovadas, agudas ou com ângulos arredondados, as superiores palmadas com 3-7 lóbulos, peludas em ambas as superfícies. Flores grandes, corola em forma de sino, amarela com centro púrpura. Cápsulas com pêlos abundantes, piramidal-oblongas, agudas.

Informações de utilização: O extrato da raiz ou da semente é misturado com mel e aplicado na língua para o tratamento de feridas na língua.

Abroma augusta L. (Sterculiaceae)

Designação vernácula: Ulatkambal

Nome Khumi: Paowi-k-achi

Nome inglês: Devil's Cotton

Arbusto de grande porte. Folhas grandes, repand-denticuladas, superiores mais pequenas, mais estreitas, inteiras. Flores solitárias, axilares, pendentes; sépalas lanceoladas; pétalas que pouco ultrapassam as sépalas, vermelho escuro.

Informações sobre a utilização: A pasta preparada a partir da casca e das folhas pegajosas é aplicada nas áreas afectadas para o tratamento da mordedura de cobra.

Acacia farnesiana (L.) Willd. (Mimosaceae)

Nome vernáculo: Guyababla

Nome Khumi: Hoyzy/Khoiaiye

Nome inglês: Strinking Acacia

Árvore ou arbusto de folha caduca, pequena e muito ramificada, com ramos em ziguezague e espinhos estipulares. Folhas 2-pinadas, pinadas 8-16, folíolos 20-40. Flores muito pequenas, perfumadas, de cor amarela intensa, em cabeças axilares globosas. Fruto subcilíndrico, túrgido, ligeiramente curvo.

Utilizar informação: Atar um pedaço de casca de árvore com um fio à volta do pescoço ou da mão de uma criança assustada para o tratamento da fobia. Esta espécie é plantada em jardins domésticos como ornamental e para dar bom cheiro.

Acacia rugata (Lam.) Mer. (Mimosaceae)

Designação vernácula: Banritha.

Nome Khumi: Aleyee

Nome inglês: Unknown

Arbusto de grande porte, com espinhos mais ou menos aduncos. Folhas 2-pinadas, pinadas 12-16, folíolos 30-50, membranosos. Flores em cabeças amarelas globosas, dispostas em panícula. Vagens em forma de cinta, rectas, espessas e carnudas.

Utilizar informação: As folhas são cozinhadas como legumes. As sementes são embebidas em água durante toda a noite e o extrato é utilizado como champô e detergentes.

Acorus calamus L. (Acoraceae)

Nome vernáculo: Bach

Nome Khumi: Langhi

Nome inglês: Sweet Flag

Erva aromática dos pântanos, com rizoma rasteiro e ramificado. Folhas disticuladas, ensiformes, com cerca de 1 m de altura. Pedúnculo foliáceo; espata é a continuação ensiforme do pedúnculo; espádice séssil, cilíndrica, densamente florida; flores diminutas.

Indicações de utilização: A pasta preparada a partir da folha é aplicada na testa para o tratamento da febre e da dor de cabeça.

Aegle marmelos (L.) Corr. (Rutaceae)

Nome vernáculo: Bel

Nome Khumi: By-reyei

Nome inglês: Wood Apple

Árvore caducifólia de pequeno ou médio porte, armada com muitos espinhos axilares, rectos, fortes e longos. Folhas 3-folioladas, raramente 5-folioladas. Flores branco-esverdeadas, em panículas axilares curtas. Fruto grande, globoso, com casca lenhosa.

Informações de utilização: A pasta preparada a partir da casca do fruto jovem ou maduro, esfregando-a com uma pedra, é aplicada no acne. As folhas frescas esmagadas são cheiradas para o tratamento de hemorragias nas narinas (epistaxis) e é relatado que a hemorragia pára em cinco minutos. As folhas frescas são misturadas com malagueta verde para preparar salada.

Ageratum conyzoides L. (Asteraceae)

Designação vernácula: Fulkuri.

Nome Khumi: Chettagang-acha

Nome inglês: Appa Grass

Erva erecta, anual, fetóide. Folhas amplamente ovadas, crenadas, peludas. Inflorescência em corimbos terminais; flores azul-claras, em cabeça pequena.

Informações sobre a utilização: A pasta preparada a partir da folha é aplicada na testa para o tratamento da dor de cabeça.

Albizia lebbeck (L.) Benth. (Mimosaceae)

Designação vernácula: Sirish

Nome Khumi: Tatoa

Nome inglês: Siris Tree

Árvore de folha caduca, de tamanho médio a grande, com copa extensa. Folhas abruptamente 2-pinadas, pinadas 4-8, folíolos 8-18. Flores brancas, perfumadas, em cabeças umbeladas globosas. Vagens em forma de cinta, firmes, amarelo-acastanhadas.

Informações sobre a utilização: A madeira é utilizada como combustível e para preparar mobiliário e materiais domésticos.

Allium cepa L. (Liliaceae)

Nome vernáculo: Piaj.

Nome Khumi: Mezyn-kamseng

Designação inglesa: Onion.

Erva bulbosa. Folhas lineares, cilíndricas e ocas em 2 filas. Flores pequenas, em umbelas globulares com muitas flores, na extremidade de um escapo oco e inflado, mais altas que as folhas.

Informações de utilização: O bolbo é utilizado como aditivo. As folhas com pedúnculos são usadas como vegetais folhosos e como agente aromatizante no caril.

Allium sativum L. (Liliaceae)

Nome vernáculo: Rasun.

Nome Khumi: Mezyn-kaleywe

Nome inglês: Garlic.

Erva anual bulbosa; o bolbo é constituído por vários bolbos mais pequenos que estão rodeados por uma fina escama de folhas brancas. Folhas longas, estreitas e angulosas. Flores pequenas, brancas, em umbelas na extremidade de um escapo fino.

Informações de utilização: O extrato do bolbo é tomado para o tratamento da flatulência abdominal. A pasta preparada a partir do bolbo é aplicada na testa para o tratamento da dor de cabeça.

Aloe barbadensis Mill. (Liliaceae)

Nome vernáculo: Ghritakumari

Nome Khumi: Kolatru

Nome inglês: Aloe

Erva suculenta perene. Folhas sésseis, agrupadas, carnudas, afinando gradualmente para o ápice, com dentes espinhosos nas margens, ereto-espalhadas. Flores amarelas, pendentes num longo escapo.

Indicações de utilização: A folha aquecida é aplicada na área afetada para o tratamento de reumatismo, inchaço e paralisia. O extrato preparado a partir da folha fervida é tomado para tratar a paralisia.

Alpinia conchigera Griff. (Zingiberaceae)

Nome vernáculo: Desconhecido

Nome Khumi: Tebonglong

Nome inglês: Unknown

Erva rizomatosa com caule fino e frondoso. Folhas oblongo-lanceoladas, glabras por baixo. Panícula estreita; flores pequenas, corola-segmentos oblongos, esverdeados, labelo orbicular, amarelado com linhas e pontos vermelhos, com dois pequenos dentes na base. Frutos globosos, do tamanho de uma ervilha.

Informações de utilização: A parte interior das partes aéreas é cozinhada como legumes.

Amaranthus spinosus L. (Amaranthaceae)

Nome vernáculo: Katanotey

Nome Khumi: Aangpadi-kalingon

Nome inglês: Spiny pigweed

Erva anual espinescente. Folhas ovadas ou oblongas, obtusas. Flores muito numerosas, sésseis, em cachos axilares densos e em espigas terminais densas ou interrompidas.

Informações de utilização: As folhas frescas são cozidas e consumidas como legumes.

Amaranthus viridis L. (Amaranthaceae)

Nome vernáculo: Notey shak

Nome Khumi: Aangpadi-kamseng

Nome inglês: Green Amaranth

Erva anual, erecta e ramificada; ramos frequentemente arroxeados. Folhas longamente pecioladas, ovadas, de largura variável. Flores minúsculas, verde-pálido, em pequenos cachos axilares e em racemos terminais afilados e axilares paniculados em forma de espiga.

Informações de utilização: As folhas frescas e o caule tenro são cozidos em água e consumidos como legumes.

Amomum aromaticum Roxb. (Zingiberaceae)

Nome vernáculo: Morang elachi.

Nome Khumi: Pinisomdi

Nome inglês: Bengal cardamom

Erva perene rizomatosa com caules folhosos. Folhas oblongo-lanceoladas, glabras em ambas as faces. Espigas radicais, pouco pedunculadas, globosas; segmentos obtusos, quase tão longos como o tubo, brancos; labelo amarelo pálido, tão longo como os segmentos da corola, metade exterior deflectida. Fruto ovado.

Informações de utilização: As sementes são úteis para a indigestão.

Amorphophallus bulbifer (Roxb.) Blume (Araceae)

Designação vernácula: Jongle ol.

Nome Khumi: Engeiyea

Nome inglês: Unknown

Cormos globosos, castanhos, verrucosos. Folha solitária, lisa, esverdeada, branco-rosada; na junção dos três peciolutos surge um bolbo. Espata convoluta na base, alargando-se acima num limbo ovado e obtuso. Flores pistiladas numerosas. Fruto: baga.

Informações de utilização: O verme é cozinhado como um vegetal.

Amorphophallus campanulatus (Roxb.) Bl. *ex*. Decne. (Araceae)

Nome vernáculo: Olkachu

Nome Khumi: Bye-tey

Nome inglês: Elephant's foot

Erva anual com tubérculos grandes, deprimidos-globosos e muito verrugosos. Folhas solitárias, 3-partidas, segmentos pinnatisectos, aparecendo muito depois das flores. Espádice muito robusto; inflorescência feminina cilíndrica, masculina subturbinada, apêndice roxo-escuro. Bagas ovóides.

Informações de utilização: O verme é cozinhado como legumes, especialmente com peixe e carne.

Anacardium occidentale L. (Anacardiaceae)

Designação vernácula: Kajubadam

Nome Khumi: Kiss-na

Nome inglês: Cashew Nut

Árvore perene, de pequeno ou médio porte, com ramos muito espalhados, que forma uma grande copa. Folhas coriáceas, obovadas. Flores pequenas em panícula terminal. Fruto reniforme, sobre um recetáculo carnoso piriforme.

Informações de utilização: Os cotilédones das sementes são fritos e retirados.

Ananas sativus Schult. f. (Bromeliaceae)

Nome vernáculo: Anaras

Nome Khumi: Metara

Nome inglês: Pineapple

Erva sem caule e com tufos. Folhas linear-lanceoladas, com as margens nitidamente espinhosas, verdes, as que se encontram na inflorescência vermelhas, muito reduzidas. Inflorescência densa, capitada, espiralada, cabeça ovoide, muito aumentada nos frutos.

Utilizar informação: Comem-se frutos maduros e não maduros. O extrato das folhas misturado com açúcar e água é tomado para parar o vómito. O fruto não maduro é abortivo.

Annona reticulata L. (Annonaceae)

Nome vernáculo: Nona Ata.

Nome Khumi: Nona-king

Nome inglês: Bullock's heart

Pequena árvore semidecídua. Folhas membranosas, oblongas, lanceoladas. Flores 2-4, em pedúnculos laterais. Pétalas 6, valvadas, em 2 séries, estreito-oblongas, interior muito pequeno. Fruto carnudo, subgloboso, um pouco em forma de coração, liso, ligeiramente areolado.

Utilizar informação: Os frutos maduros são consumidos.

Anogeissus acuminata (Roxb.) Wall. ex Bedd. (Combretaceae)

Nome vernáculo: Chakua

Nome Khumi: Tengtri

Nome inglês: Unknown

Árvore de grande porte. Folhas elípticas a lanceoladas, acuminadas. Flores minúsculas, esbranquiçadas. Frutos densos em cabeças.

Informações sobre a utilização: O corante preparado a partir da casca da árvore é utilizado para tingir vestuário tradicional.

Anthocephalus chinensis (Lamk.) Rich. *ex* Walp. (Rubiaceae)

Designação vernácula: Kadam

Nome Khumi: Sku-king

Nome inglês: Wild Cinchona

Árvore de folha caduca de grande porte, com ramos horizontais, mais ou menos espiralados. Folhas elíptico-oblongas. Flores pequenas, amarelas, em cabeça terminal globosa, com pedúnculos robustos. Fruto um pseudocarpo globoso, amarelo quando maduro.

Informações sobre a utilização: A madeira é utilizada como combustível e para preparar mobiliário e materiais domésticos.

Areca catechu L. (Aracaceae)

Designação vernácula: Supari

Nome Khumi: Kusi

Nome inglês: Betel Nut

Palmeira alta e esguia, bastante direita. Folhas grandes, folíolos numerosos. Espata dupla, comprimida, espádice muito ramificada, com flores masculinas e femininas. Frutos globosos ou ovóides, amarelos ou alaranjados.

Informações de utilização: A noz com folha de bétel é consumida como substância mastigatória.

Argemone maxicana L. (Papaveraceae)

Designação vernácula: Baro Shialkanta

Nome Khumi: We-kamthu-asi

Nome inglês: Mexican Poppy

Uma erva anual espinhosa, com ramos espalhados e sumo amarelo. Folhas semelhantes a cardo, agarradas ao caule, oblongas, sinuosamente pinadas, margens espinhosas, nervuras brancas. Flores amarelas, grandes, terminais em ramos curtos e frondosos. Cápsulas espinhosas, oblongo-ovóides. Sementes numerosas, pretas.

Informações de utilização: A pasta preparada a partir das folhas é aplicada nas áreas afectadas por mordeduras de cães como prevenção da hidrofobia. A pasta de folhas é dada aos cães para tratar o seu comportamento anormal (cão louco).

Artocarpus heterophyllus Lamk. (Urticaceae)

Designação vernácula: Kathal.

Nome Khumi: La

Nome inglês: Jack-fruit

Árvore perene de tamanho médio a grande, com tronco bastante curto e copa grande, densa e arredondada. Folhas elípticas, inteiras, densamente coriáceas. Cabeças florais envolvidas por bainhas espatáceas, caducas e estipulares; masculinas cilíndricas. Frutos grandes, redondos a oblongos, tuberculados.

Utilizar informação: Os frutos maduros são comidos e os frutos não maduros são cozinhados como vegetais. As sementes cozidas são esmagadas e comidas com arroz. As sementes fritas são comidas. As cascas dos frutos são levadas pelo porco.

Artocarpus lacucha Buch-Ham. (Urticaceae)

Designação vernácula: Dewa

Nome Khumi: Thabeyou

Nome inglês: Monkey jack

Árvore de folha caduca, de tamanho médio, com copa grande e densa. Folhas coriáceas, oblongas, elípticas ou subovadas, inteiras. Flores em cabeças axilares globosas, pouco pedunculadas. Fruto lobulado, amarelo quando maduro.

Informações de utilização: Comem-se frutos maduros e sementes fritas. A madeira é utilizada para fazer móveis.

Asclepias curassavica L. (Asclepiadaceae)

Designação vernácula: Kakturi

Nome Khumi: Dumdi

Nome inglês: Wild Ipecacuanha

Erva perene erecta ou subarbusto. Folhas opostas, lanceoladas ou oblongo-lanceoladas, agudas, estreitadas num pecíolo curto, glabras. Umbelas axilares com muitas flores, pouco pedunculadas; corola vermelho-alaranjada, lóbulos reflexos, coluna estipitada. Os frutos são um par de folículos, afilados em ambas as extremidades.

Informações de utilização: O sumo preparado a partir da folha é tomado como anti-helméntico. A pasta preparada a partir da folha é aplicada na área afetada para parar a hemorragia.

Averrhoa carambola L. (Averrhoaceae)

Designação vernácula: Kamranga

Nome Khumi: Sewra

Nome inglês: Carambola Apple

Árvore de lei, com ramos estreitos e caídos. Folhas pinadas; folíolos 2-5 pares, ovado-lanceolados, agudos. Flores pequenas, variegadas de branco e púrpura, em racemos curtos, principalmente axilares ou por vezes nascendo da casca. Frutos oblongos, agudamente angulosos, azedos ou doces, amarelos quando maduros.

Utilizar informação: Comem-se frutos maduros e não maduros.

Bacopa monniera (L.) Pennel. (Scrophulariaceae)

Designação vernácula: Brahmishak

Nome Khumi: Aangkho

Nome inglês: Indian Pennywort

Erva rasteira, pequena, muito ramificada, que se enraíza nos nós. Folhas sésseis decussadas, obovadas-oblongas ou espatuladas, bastante carnudas. Flores axilares, solitárias, azul-claras, corola duas vezes mais comprida que o cálice, pedúnculos mais compridos que as folhas. Cápsulas ovóides.

Informações de utilização: As folhas e o caule tenro são cozinhados como legumes.

Bauhinia acuminita L. (Caesalpiniaceae)

Nome vernáculo: Shet Kanchan

Nome Khumi: Leyei-kaowling

Nome inglês: Dwarf white bauhinia

Pequena árvore de folha perene a semidecídua. Folhas ligeiramente cordadas, lóbulos agudos ou subobtusos, não atingindo metade da base. Racemos axilares, pedunculados curtos, corimbosos. Pétalas oblongas, brancas. Vagens oblongas, planas.

Informações de utilização: A decocção preparada a partir da casca é tomada para o tratamento da asma.

Bauhinia purpurea L. (Caesalpiniaceae)

Nome vernáculo: Raktakanchan

Nome Khumi: Leyee-kamseng

Nome inglês: Butterfly tree

Árvore de pequeno a médio porte, de folha perene a semi-perene. Folhas mais compridas do que largas, pouco cordadas, com dois lóbulos. Flores grandes, de cor púrpura rosada, em corimbos terminais e axilares pouco floridos, castanho-tomentosos. Pétalas oblanceoladas. Vagens liguladas, planas e pontiagudas.

Informações de utilização: A pasta preparada a partir da casca é aplicada para parar a hemorragia. O extrato preparado a partir da casca é tomado para o tratamento da diarreia.

Bauhinia tenuflora (Caesalpiniaceae)

Nome vernáculo: Desconhecido

Nome Khumi: Lengpo

Nome inglês: Unknown

Árvore de porte médio, caule com casca fissurada. Folhas com dois lóbulos obtusos. Flores em racemos axilares ou terminais, branco-púrpura. Fruto em vagem, glabro. Semente achatada.

Informações de utilização: Plantada no jardim de casa como ornamental.

Benincasa hispida (Thunb.) Cogn. (Cucurbitaceae)

Designação vernácula: Chalkumra

Nome Khumi: Aamy-kaowling

Nome inglês: Ash Gourd

Trepadeira de grande porte, híspida por todo o lado. Folhas grandes, híspidas. Flores solitárias, grandes, amarelas. Frutos largamente cilíndricos, peludos; frutos maduros glabros, cor de cinza.

Informações de utilização: Os frutos frescos são considerados vegetais.

Bixa orellana L. (Bixaceae)

Nome vernáculo: Belatihaldi

Nome Khumi: Reyan

Nome inglês: Arnotta plant

Pequena árvore de folha perene, geralmente com ramos próximos do solo. Folhas ovadas, cordadas, acuminadas. Flores brancas ou cor-de-rosa em panículas terminais. Cápsula ovoide ou subglobosa, revestida de espinhos longos e moles. Sementes cobertas de polpa vermelha.

Informações sobre a utilização: A tinta preparada a partir de sementes cozidas é utilizada para tingir o vestuário tradicional.

Blumea lacera (Burn.f.) DC. (Asteraceae)

Designação vernácula: Shealmotra

Nome Khumi: Preowdeow

Nome inglês: Unknown

Erva erecta, vilosa e foetida. Folhas inferiores pecioladas, muitas vezes incisas ou liradas, as superiores subsésseis elípticas oblongas ou obovadas, finamente pubescentes e sedosas. Cabeças numerosas em cimas axilares curtas e panículas espiciformes terminais; flores amarelas.

Informações de utilização: As folhas cozidas e os rebentos jovens são consumidos como legumes, salada e chutney.

Boesenbergia longiflora Kuntze. (Zingiberaceae)

Nome vernáculo: Desconhecido

Nome Khumi: Azujingon

Nome inglês: Unknown

Uma erva frondosa e rizomatosa. Folhas com cerca de 4 em tufo; pecíolo longo, ereto, canalizado; base cordada ou cuneiforme, frequentemente tingida de púrpura por baixo. Flores 1-2 em espigas radicais; tubo da corola muito fino, muito mais comprido do que as brácteas, branco, mais curto do que os estaminódios brancos.

Informações de utilização: O rizoma cozido é consumido como legume.

Bombax ceiba L. (Bombacaceae)
Designação vernácula: Shimul-tula
Nome Khumi: Chapang
Nome inglês: Silk Cotton Tree.

Árvore de folha caduca de grande porte, com tronco alto e copa extensa. Folhas grandes, dispostas em forma de palma. Flores grandes, amarelas a vermelho vivo, numerosas, fasciculadas na extremidade dos ramos, aparecendo antes das folhas novas. Fruto oblongo-obtuso, com 5 valvas, revestido no interior por pêlos brancos e sedosos.

Informações sobre a utilização: O algodão é utilizado para fazer almofadas e cobertores. As flores são fervidas em água e são comidas como salada e também cozinhadas como vegetais. A pasta preparada a partir de flores esmagadas misturadas com casca de fruta de banana madura é aplicada à volta dos furúnculos para a supuração do furúnculo.

Borassus flabellifer L. (Arecaceae)

Nome vernáculo: Tal.

Nome Khumi: Thyn

Nome inglês: Palmyra-palm

Palmeira alta. Folhas palmadas em forma de leque. Fruto drupa, maduro, globular, preto quando maduro.

Informações de utilização: Os frutos verdes e maduros são comestíveis. O sumo obtido pela excisão do espádice é tomado como refrescante e estimulante.

Borreria articularis (L. f.) F. N. Will. (Rubiaceae)
Nome vernáculo: Madnabata Kadu.
Nome Khumi: Khele acha
Nome inglês: Unknown

Erva procumbente; caule quadrangular, hirsuto, híspido. Folhas subsésseis, oblongas ou elípticas, frequentemente arredondadas na ponta, escabrosas, pubescentes. Flor muito pequena, branca ou azulada, 4-6 em verticilo no interior do cálice estipular.

Informações sobre a utilização: As sementes são utilizadas em casos de diarreia e disenteria.

Bridelia retusa (L.) Spreng. (Euphorbiaceae)

Nome vernáculo: Kantakoi

Nome Khumi: Bobipui

Nome inglês: Unknown

Árvore de porte moderado. Folhas simples, elíptico-obovadas, obtusas. Flores amarelo-avermelhadas, em longas espigas paniculadas terminais e axilares. Drupas globosas, pretas.

Informações sobre a utilização: A planta é utilizada para fazer pilares para a construção de casas tradicionais.

Buddleja neemda Buch.-Ham. (Buddlejaceae)

Designação vernácula: Budbhota

Nome Khumi: Kassey-khoyhu

Nome inglês: White butterfly bush.

Arbusto, frequentemente tricotomicamente ramificado. Folhas lanceoladas, acuminadas inteiras, crenadas ou dentadas, branco-acinzentadas por baixo, fulvo-tomentosas ou pubescentes por baixo. Flor pequena, branca, em espigas axilares e terminais, frequentemente em panículas. Cápsula elipsoide.

Informações sobre a utilização: A pasta preparada a partir das folhas é aplicada na testa para remediar a febre.

Buettneria pilosa Roxb. (Sterculiaceae)

Designação vernácula: Harjora.

Nome da Khumi: Shaha

Nome inglês: Unknown

Trepadeira lenhosa de grande porte, com ramos estriados e estrigosos. Folhas suborbiculares, palmadas com 3 lóbulos, pilosas em ambas as superfícies. Flores minúsculas, campanuladas, numa inflorescência laxa e muito ramificada. Cápsula globosa, do tamanho de uma cereja grande, cravejada de espinhos subulados e farpados.

Informações sobre a utilização: A pasta preparada a partir do caule tenro com folhas é atada à volta dos membros para o tratamento de ossos fracturados.

Cajanus cajan (L.) Huth. (Fabaceae)

Designação vernácula: Arhar

Nome Khumi: Sekleiye

Nome inglês: Pigeon Pea

Arbusto ereto e arbustivo. Folhas trifoliadas, folíolos oblongo-lanceolados, densamente sedosos por baixo. Flores amarelas, em racemos corimbosos soltos ou formando uma panícula terminal; corola três vezes o cálice; estandarte amarelo ou com nervuras vermelhas. Vagem oblonga, finamente penugenta.

Informações de utilização: A vagem fresca é cozinhada como legumes. As sementes fritas são consumidas.

Callicarpa tomentosa (L.) Merr. (Verbenaceae)
Designação vernácula: Makanchi
Nome da Khumi: Lykee
Nome inglês: Unknown

Árvore de pequeno a médio porte, de folha perene a semidecídua. Folhas e inflorescências densamente cobertas de pêlos estrelados. Folhas coriáceas, ovadas a estreitamente oblongas, agudas. Flores pequenas, de cor púrpura clara, em cimeiras axilares. Frutos drupáceos.

Informações de utilização: O sumo preparado a partir da raiz é tomado para o tratamento da febre.

Calophyllum inophyllum L. (Guttiferae)

Designação vernácula: Katchampa

Nome Khumi: Thyklii-wing

Nome inglês: Dilo oil tree

Árvore de porte médio, perene, de tronco tortuoso. Folhas amplamente elípticas, arredondadas no ápice, com nervuras laterais muito próximas. Flores de cor branca pura, em racemos frouxos e pouco floridos. Fruto globoso.

Indicações de utilização: O óleo obtido das sementes é aplicado na área afetada para o tratamento do reumatismo. A pasta preparada a partir da raiz é aplicada à volta da área afetada na mordedura de cobra.

Capsicum frutescence L. (Solanaceae)

Nome vernáculo: Marich

Nome Khumi: Sangring-pui

Nome inglês: Chillies

Plantas arbustivas perenes. Folhas largamente ovadas. Flores axilares brancas ou branco-esverdeadas, geralmente 2 ou mais juntas. Cálice que abraça a base do fruto. Fruto ovoide a oblongo, obtuso ou acuminado, vermelho quando maduro.

Informações sobre a utilização: Os frutos maduros e não maduros são utilizados como especiarias.

Carica papaya L. (Caricaceae)

Nome vernáculo: Pepe

Nome Khumi: Somphula

Nome inglês: Papaya

Pequena árvore de porte ereto, com caule esponjoso e látex branco, oco no interior. Folhas grandes, com pecíolos longos e ocos, palmadas lobadas, subpeltadas, formando um tufo redondo no topo do caule. Planta dióica; flores masculinas em panículas longas e caídas; flores femininas em cachos curtos. Fruto grande, obovado a obovado-oblongo, suculento.

Utilizar informação: Tanto os frutos maduros como os verdes são consumidos.

Carthamus tinctorius L. (Asteraceae)

Designação vernácula: Kushum

Nome Khumi: Angthokanay-kamse

Designação inglesa: Safflower

Erva anual semelhante a uma estela. Folhas sésseis, rígidas, largo-lanceoladas, espinosamente serrilhadas. Flores vermelho-alaranjadas em grandes cabeças terminais.

Utilizar informação: As folhas e as flores são cozinhadas como legumes.

Caryota urens L. (Arecaceae)
Designação vernácula: Ban Supari
Nome Khumi: Khow
Nome inglês: Jaggery Palm

Uma palmeira alta. A copa é bastante fina, constituída por várias folhas ascendentes, graciosas, curvas, bi-pinadas e grandes. Espádice muito grande; pedúnculo curvo, robusto, inteiramente coberto por uma espata grande, acinzentada, coriácea e estreitamente imbricada; ramos simples, muito longos, pendentes. Fruto globoso.

Informações de utilização: Os caules são utilizados para preparar prateleiras e como banco para sentar. Esta espécie é utilizada em festas religiosas e sociais.

Cassia alata L. (Caesalpiniaceae)

Designação vernácula: Dadmardan

Nome Khumi: Skly-asi

Nome inglês: Arbusto de verme anelar.

Arbusto de grande porte. Folhas compostas, folíolos 8-12 pares, oblongos-obtusos. Flores vistosas, em racemos espiciformes, pedunculados, erectos; pétalas amarelas brilhantes, largo-ovadas. Vagens linear-oblongas, com uma asa larga a meio de cada valva, membranosa.

Informações de utilização: A pasta preparada a partir das folhas e flores é aplicada duas vezes por dia, depois do banho, na área afetada para o tratamento do eczema durante 3-4 dias ou até ficar curada.

Cassia obtusifolia L. (Caesalpiniaceae)

Designação vernácula: Chakunda

Nome Khumi: Aam-aelu

Nome inglês: Foetid Cassia

Erva anual, de folha caduca. Folhas compostas; folíolos 3 pares, obovados-oblongos. Flores amarelas, geralmente em pares subsésseis nas axilas das folhas; pétalas 5, amarelo vivo, oblongas, obtusas. Vagens lineares, subterminadas, obliquamente septadas, curvas.

Informações de utilização: A folha fervida é tomada em caso de iterícia.

Ceiba pentandra (L.) Gaertn. (Bombacaceae)

Designação vernácula: Shet Simul

Nome Khumi: Bely-plow

Nome inglês: White silk cotton tree

Árvore de folha caduca, de tamanho médio; ramos horizontais, em espirais de três. Folhas longamente pecioladas, folíolos 5-8, lanceolados. Flores de cor branca suja, surgem nas extremidades dos ramos em cachos de 2-8. Cápsulas fusiformes.

Informações sobre a utilização: O algodão é utilizado para almofadas e cobertores.

Celosia argentea L. (Amaranthaceae)
Designação vernácula: Muragphul
Nome Khumi: Se-ankanlingpo
Nome inglês: Quail Grass

Erva anual de porte ereto. Folhas de tamanho e forma variáveis, lineares ou linear-lanceoladas, agudas. Flores inicialmente rosadas, depois brancas e brilhantes, amontoadas e imbricadas em espigas terminais cilíndricas, rombas ou acuminadas.

Informações de utilização: O extrato preparado a partir das folhas por esmagamento é aplicado no umbigo da criança para o tratamento de furúnculos.

Centella asiatica (L.) Urban. (Apiaceae)
Nome vernáculo: Thankuni
Nome Khumi: Ajingkrey
Nome inglês: Indian Pennywort

Erva rasteira e delgada. Folhas com pecíolo longo, 1-3 em cada nó do caule, orbicular-reniforme, mais largas do que compridas, com crenação superficial. Flores em umbelas fasciculadas, constituídas por 3-4 flores cor-de-rosa, pequenas e sésseis. Fruto ovoide, duro, plano.

Informações de utilização: As folhas são consumidas como salada. Também se toma a planta inteira como purificador do sangue.

Chenopodium album L. (Chenopodiaceae)

Designação vernácula: Batuashak

Nome Khumi: Aangpadi

Nome inglês: Lamb's Quarters

Erva anual. Folhas muito variáveis em tamanho e forma, oblongas, rômbicas, deltóides ou lanceoladas, inteiras, dentadas ou irregularmente lobuladas; as folhas superiores são mais pequenas e mais inteiras do que as inferiores. Flores muito pequenas em cachos, formando espigas paniculadas complexas ou laxas, frequentemente farinhentas.

Informações de utilização: As folhas cozidas e o caule tenro são considerados legumes.

Chukrasia valutina W & A. (Meliaceae)

Nome vernáculo: Chikrassi

Nome Khumi: Aangtingyou

Nome inglês: Chittagong wood

Árvore de folha caduca, bonita, com tronco alto e cilíndrico e copa extensa. Folhas abruptamente pinadas ou bipinadas; folíolos alternos ou subopostos, inteiros, desiguais na base, acuminados. Flores bastante grandes, em panículas terminais; pétalas 4-5, oblongas, livres, erectas, contorcidas. Fruto: cápsula septifragmentada com 3-5 valvas.

Informações de utilização: As folhas cozidas são consumidas e utilizadas como purificador do sangue. O extrato das folhas jovens é tomado para tratar a gastrite.

Cissus rependa Vahl. (Vitaceae)

Nome vernáculo: Desconhecido

Nome Khumi: Angrori

Nome inglês: Unknown

Trepadeira lenhosa de grande porte, com caules macios e enrugados; gavinha longa, delgada e bifurcada. Folhas amplamente cordadas, grosseiramente crenadas, densamente cobertas quando jovens por pêlos cor de ferrugem. Flores brancas, em cimas axilares, divaricadas, pouco pedunculadas, corimbosas. Baga subglobosa.

Informações de utilização: As folhas são cozinhadas como vegetais. A folha cozida com caranguejo é utilizada para o tratamento da iterícia. Para além disso, aumenta o poder visual.

Cissus elongata Roxb. (Vitaceae)

Nome vernáculo: Dhemna

Nome Khumi: Honga

Nome inglês: Unknown

Trepadeira muito grande com gavinhas simples. Folhas elíptico-lanceoladas, serrilhadas. Flores minúsculas em cimas di-tricotómicas. Fruto pequeno, elíptico, liso, preto.

Informações de utilização: As folhas e o caule tenro são cozinhados como legumes.

Citrullus lanatus (Thunb.) Mats. (Cucurbitaceae)

Designação vernácula: Tarmuj.

Nome Khumi: Fray

Nome inglês: Watermelon

Trepadeira anual. Folhas profundamente divididas ou moderadamente lobadas. Flores bastante grandes, monóicas, solitárias; Corola amarela por dentro, esverdeada por fora e vilosa. Fruto subgloboso ou elipsoide, liso; polpa sumarenta, doce, vermelha ou branco-amarelada.

Informações de utilização: Os frutos maduros são consumidos e arrefecem o corpo, são refrescantes e estomacais.

Citrus aurantifolia (Christ.) Sw. (Rutaceae)

Designação vernácula: Lebu

Nome Khumi: Lemu

Nome inglês: Lime

Arbusto espinhoso. Folhas aladas, lâmina elíptico-oblonga. Racemos curtos; flores pequenas; pétalas geralmente 4. Fruto geralmente pequeno, globoso ou ovoide; polpa muito ácida.

Informações sobre a utilização: As folhas e os frutos frescos são consumidos como refrigerantes.

Citrus grandis (L.) Osbeck (Rutaceae)

Designação vernácula: Jambura

Nome Khumi: Dupa

Nome inglês: Shaddock

Árvore espinhosa de pequeno a médio porte. Folíolos grandes, ovado-oblongos, pecíolos largamente alados. Flores brancas. Fruto grande, amarelo-claro, globoso ou piriforme; casca espessa; polpa de cor variável entre o carmesim e o rosa-claro ou amarelo.

Informações de utilização: As folhas são fervidas em água e o vapor é inalado como remédio para a febre. Os frutos são consumidos.

Clerodendrum viscosum Vent. (Verbenaceae)

Designação vernácula: Bhat.

Nome Khumi: Arong

Nome inglês: Unknown

Arbusto ou subarbusto. Folhas grandes, ovadas, acuminadas, peludas em ambos os lados. Flores brancas tingidas de cor-de-rosa, em grandes panículas pubescentes. Fruto, uma drupa, preto.

Informações de utilização: Folhas fervidas em água e usadas para tomar banho em caso de iterícia e sarna.

Cocos nucifera L. (Arecaceae)

Designação vernácula: Narikel

Nome Khumi: Kikuii

Nome inglês: Coconut

Palmeira alta, com caule anular reto ou curvo. Folhas grandes, pinadas; folíolos linear-lanceolados. Espádice robusto, andrógino, simplesmente paniculado. Espátulas inferiores oblongas, duras, que se dividem longitudinalmente. Fruto obovoide ou subgloboso, com uma grande cavidade cheia de líquido adocicado.

Informações de utilização: A água de coco verde é tomada como refrigerante para arrefecer e refrescar o corpo.

Coix lachryma - jobi L. (Poaceae)

Designação vernácula: Tasbi

Nome Khumi: Kingku

Nome inglês: Job's Tears

Erva robusta e perene. Folhas estreitadas de uma base larga e cordada a uma ponta acuminada. Racemos acenando ou caídos de pedúnculos longos. Fruto de ovoide a globoso, cinzento azulado, liso, polido.

Informações sobre a utilização: O sumo preparado a partir de plantas é utilizado para o tratamento da varicela.

Colocasia esculenta (L.) Schott. (Araceae)

Designação vernácula: Kachu

Nome Khumi: Byerey-tyjing

Nome inglês: Taro

Erva alta com caule tuberoso subterrâneo. Pecíolo ereto; lâmina peltada-ovada, cordada na base. Espata amarelo-pálido; espádice muito mais curto do que a espata.

Informações de utilização: O caule tuberoso e a espádice com espata são cozinhados como legumes.

Commelina benghalensis L. (Commelinaceae)

Designação vernácula: Kanchira

Nome Khumi: Aangdoisee

Nome inglês: Day Flower

Erva rasteira, delgada e dicotomicamente ramificada. Folhas ovadas ou oblongas, obtusas. Flores azuis em espatas em forma de funil. Cápsula piriforme, membranosa.

Informações de utilização: Os rebentos jovens cozidos com folhas são consumidos como legumes.

Commelina diffusa Burm. f. (Commelinaceae)

Nome vernáculo: Desconhecido

Nome Khumi: Atdoshoichoi

Nome inglês: Unknown

Erva rasteira ou subcandente, que se enraíza nos nós. Folhas ovado-lanceoladas, acuminadas. Flores azuis em espata, margem por vezes conada na base.

Indicações de utilização: O extrato preparado a partir do caule tenro é aplicado na orelha para o tratamento de furúnculos.

Coriandrum sativum L. (Apiaceae)

Designação vernácula: Dhone

Nome da Khumi: Vey

Nome inglês: Coriander

Erva anual aromática, erecta. Folhas de dois tipos, as inferiores pecioladas, pinadas em 2-3 pares de segmentos ovado-cuneiformes, incisos-dentados, as superiores pecioladas curtas ou subsésseis, 2-3 pinadas em lóbulos lineares setáceos. Flores pequenas, em umbelas compostas. Frutos subglobosos.

Informações sobre a utilização: A planta inteira é utilizada em caril como aditivo aromático.

Costus speciosus (Koenig) Sm. (Costaceae)

Nome vernáculo: Keu

Nome Khumi: Kramo-kujii

Nome inglês: Unknown

Erva rizomatosa erecta, com caule longo, robusto e frondoso. Folhas subsésseis, dispostas em espiral, oblongas ou oblanceoladas-oblongas, sedosas e pubescentes por baixo. Flores brancas em espiga vermelha muito densa e terminal. Cápsulas globosas com 3 gónadas.

Informações de utilização: A pasta preparada a partir das raízes é aplicada para tratar picadas de insectos. Os rebentos jovens são cozinhados como legumes.

Crassocephalum crepidioides (Benth.) Moore (Asteraceae)

Nome vernáculo: Desconhecido

Nome da Khumi: Prindey

Nome inglês: Unknown

Erva anual, erecta. Folhas alternas, elíptico-oblanceoladas, com lóbulos líricos, margens mucronamente dentadas, agudas a acuminadas. Flores filiformes, cor-de-rosa a vermelho-tijolo ou laranja-escuro.

Informações de utilização: O sumo preparado a partir da planta inteira é tomado para tratar a obstipação e outras perturbações do estômago.

Crotalaria spectabilis Roth. (Fabaceae)

Designação vernácula: Jhunjhuni

Nome Khumi: Aangtingkhing

Nome inglês: Unknown

Arbusto rasteiro; ramos robustos, estriados. Folhas muito variáveis em largura, oblongo-lanceoladas ou obovadas lanceoladas, finamente sedosas por baixo. Flores amarelas, em racemos terminais alongados com 20-50 flores. Vagens lineares-oblongas, insufladas.

Utilizar informação: As flores são cozinhadas como legumes. As vagens queimadas são comidas.

Cucumis sativus L. (Cucurbitaceae)

Nome vernáculo: Shasha.

Nome Khumi: Joytang

Designação inglesa: Cucumber

Planta prostrada ou trepadeira, hispidamente pilosa. Folhas largas, amplamente cordadas-ovadas, anguladas e com 3-5 lóbulos pouco profundos, viloso-hispídeas. Flores masculinas fasiculadas, amarelas. Flores femininas solitárias ou fasciculadas, pedúnculo robusto, amarelo. Fruto oblongo, curto ou comprido, verde, castanho ferrugíneo quando maduro.

Informações de utilização: Os frutos são cozinhados como legumes. Os frutos frescos são consumidos como salada.

Cucurbita maxima Duch. (Cucurbitaceae)

Designação vernácula: Mistikumra

Nome Khumi: Aamy-kamsen

Nome inglês: Sweet Gourd

Ervas trepadeiras híspidas de grande porte. Folhas de contorno quase orbicular, com 5 ângulos. Flores monóicas, solitárias, amarelas, grandes, campanuladas, Fruto carnudo, grande, muito variável em tamanho e forma.

Informações de utilização: As folhas jovens, o caule, as flores e os frutos são cozinhados como vegetais. As sementes fritas são consumidas. Os frutos também são utilizados para fazer bharta cozida.

Curcuma longa L. (Zingiberaceae)

Designação vernácula: Halud

Nome Khumi: Amsen

Designação inglesa: Turmeric

Erva rizomatosa alta, com rizomas amarelo-alaranjados, fortemente aromáticos. Folhas muito grandes, tufadas; pecíolo longo, lâmina oblongo-lanceolada. Flores em espiga densa, no centro do tufo de folhas; brácteas de floração verde-pálido; brácteas de coma branco-esverdeadas ou tingidas de rosa.

Informações de utilização: O rizoma é cozinhado e consumido como caril. As flores são usadas como aditivo em caril.

Cuscuta reflexa Roxb. (Cuscutaceae)

Designação vernácula: Swarnalata

Nome Khumi: Amjikro

Nome inglês: Dodder

Uma planta anual esguia, sem folhas, amarelo-esverdeada, epífita, parasita e com ramificações. Flores pequenas, brancas, solitárias ou em cachos umbelados de 2-4 ou racemos curtos. Cápsulas pequenas, deprimidas e globosas.

Informações de utilização: A planta inteira é cozinhada como um vegetal.

Cyathula prostrata (L.) Blume (Amaranthaceae)
Nome vernáculo: Desconhecido
Nome Khumi: Lebbeteaowi
Nome inglês: Unknown

Erva perene. Lâmina foliar ovado-rômbica, ambas as superfícies densamente pilosas e ciliadas, base redonda, ápice obtuso, estreitada a partir do meio. Flores racemosas terminais, erectas e rectas, cachos pouco pedunculados. Sementes castanhas, brilhantes, ovoide-oblongas, muito pequenas, lisas.

Informações de utilização: A seiva das folhas é aplicada nas áreas afectadas para o remédio da dor de língua.

Cymbopogon citratus (DC.) Stapf. (Poaceae)

Designação vernácula: Lebugandhi Ghas.

Nome Khumi: Longthing/Longkeon

Nome inglês: Lemongrass

Erva aromática alta com folhas tufadas. Lâminas lineares, muito atenuadas na base e afinando para cima até uma ponta longa e setácea. Flores de ocorrência ocasional. Panícula longa e estreita.

Informações sobre a utilização: As folhas são utilizadas como agente aromatizante no caril, especialmente na carne de cabra. O extrato de folhas frescas é tomado para tratar a asma. Acredita-se que esta planta é um indicador de arroz em campos de agricultura itinerante (jhum).

Cyperus rotundus L. (Cyperaceae)

Nome vernáculo: Mutha

Nome Khumi: Aemuie-acha

Nome inglês: Nut Grass

Junco delgado e glabro; estolhos delgados, com tubérculos ovóides, pretos e perfumados. Folhas mais curtas ou mais compridas do que o caule, estreitamente lineares. Umbela simples ou composta; raios 2-8, com espiguetas curtas de 3-10 espiguetas finas, espalhadas, castanho-avermelhadas.

Informações sobre a utilização: A pasta preparada a partir de folhas com tubérculos é aplicada na testa para remediar a dor. Também é utilizada para o tratamento da febre.

Dalbergia volubilis Roxb. (Fabaceae)

Nome vernáculo: Ankilata

Nome Khumi: Boinneye

Nome inglês: Unknown

Grande arbusto lenhoso escandente ou trepadeira. Folhas pinadas, oblongas ou obovadas-oblongas. Flores pequenas, azul-claras, em copiosas panículas axilares e terminais. Vagens linear-oblongas, obtusas.

Informações de utilização: As folhas são utilizadas para o tratamento da gastrite.

Dendrophthoe falcata (L. f.) Ett. (Loranthaceae)

Designação vernácula: Bara Manda

Nome Khumi: Alikhowng

Nome inglês: Unknown

Parasita de ramos grandes e arbustivos. Folhas espessas, muito variáveis na forma e na venação, ovadas, elípticas, obtusas. Flores em racemos unilaterais axilares, curtos, espalhados e robustos. Corola tubular, escarlate ou alaranjada ou, menos frequentemente, cor-de-rosa ou branca. Bago ovoide-oblongo, cor-de-rosa.

Informações de utilização: As folhas e a raiz cozidas são consumidas para tratar dores no pescoço e no corpo. A pasta preparada a partir da trituração das raízes é aplicada na área afetada duas vezes por dia durante sete dias ou até à cura do reumatismo.

Dillenia indica L. (Dilleniaceae)

Designação vernácula: Chalta

Nome Khumi: Thyfri

Nome inglês: Elephant apple

Árvore de porte médio, semidecídua, de ramos espalhados. Folhas fasciculadas na extremidade dos ramos, oblongo-lanceoladas, acuminadas, nitidamente serrilhadas. Flores brancas, grandes, solitárias, na extremidade de cada ramo. Fruto grande, subgloboso.

Informações sobre a utilização: As frutas são utilizadas nos caris como aditivos para os tornar azedos e saborosos. Os frutos são utilizados para preparar pickles.

Dillenia pentagyna Roxb. (Dilleniaceae)

Designação vernácula: Hargaza

Nome Khumi: Angje

Nome inglês: Unknown

Árvore de folha caduca, de tamanho médio, com ramos ascendentes e caule canelado. Folhas muito grandes, oblanceoladas, coriáceas, agudas, fortemente serrilhadas; nervuras laterais muito salientes. Flores amarelas. Fruto globoso.

Utilizar informação: Comem-se frutos cozidos.

Dioscorea aculeata L. (Dioscoreaceae)

Nome vernáculo: Jointa alu.

Nome Khumi: Huishudui

Nome inglês: Unknown

Ervas anuais, com tubérculos oblongos e caule que se torce para a direita. Folhas simples, opostas, glabras. Inflorescência masculina em espigas, axilar. Inflorescência feminina de espiga ascendente.

Informações de utilização: Tubérculo cozinhado como vegetal.

Dioscorea belophylla Prain (Dioscoreaceae)

Nome vernáculo: Desconhecido

Nome da Khumi: Ho

Nome inglês: Unknown

Erva rasteira e sarmentosa, tubérculo pedunculado, caule sarmentoso para a direita, glabro. Folhas alternas, cordadas. Inflorescência masculina robusta. Inflorescência feminina axilar. Flor séssil.

Informações de utilização: Tubérculo cozinhado como vegetal.

Dioscorea bulbifera L. (Dioscoreaceae)

Designação vernácula: Banalu

Nome Khumi: Hu-apy

Nome inglês: Air Potato

Grande geminação, tubérculos variáveis. Bolbos numerosos, de forma irregular, verrugosos. Caule que se torce para a esquerda. Folhas geralmente alternas, ovadas, acuminadas, com a base mais ou menos profundamente cordada. Espigas masculinas agrupadas, axilares ou em panícula sem folhas. Espigas femininas em grupos axilares de 2-5. Cápsulas oblongas.

Informações de utilização: Tubérculos cozidos, cozinhados como legumes, por vezes com carne.

Dioscorea glabra Roxb. (Dioscoreaceae)

Designação vernácula: Shora alu

Nome Khumi: Hoai

Nome inglês: Unknown

Erva rasteira, com tubérculos carnudos, caule que se enrosca para a direita. Folhas maioritariamente opostas. Flor distante, séssil.

Informações de utilização: Tubérculo cozinhado como vegetal.

Diospyros malabarica (Desr.) Kostel (Ebenaceae)

Designação vernácula: Deshi gab

Nome Khumi: Thysee

Nome inglês: Gaub persimmon

Árvore perene de pequeno a médio porte, com tronco curto, muito estriado, nodoso e verrugoso e copa arbustiva. Folhas coriáceas, oblongas ou oblongo-lanceoladas, obtusas. Flores masculinas em cimas caídas com 2-7 flores. Flores femininas maiores, geralmente solitárias, axilares, caídas. Fruto subgloboso, amarelo.

Utilizar informação: Os frutos maduros são consumidos.

Dipterocarpus gracilis Bl. (Dipterocarpaceae)

Designação vernácula: Duli-garjan

Nome Khumi: Jangby

Nome inglês: Unknown

Árvore alta. Folhas elípticas, elíptico-oblongas ou elíptico-lanceoladas, agudas ou abruptamente acuminadas, coriáceas, superfície superior adpressa e peluda quando jovens, superfície inferior pilosa e tomentosa. Flores em racemos axilares com poucas flores. Fruto-barriga subgloboso.

Informações sobre a utilização: A madeira é utilizada como combustível e para preparar mobiliário e materiais domésticos.

Dysophylla auricularia Bl. (Lamiaceae)

Nome vernáculo: Desconhecido

Nome Khumi: Acha-kamsen

Nome inglês: Unknown

Erva anual hirsuta ou vilosa. Folhas sésseis ou subsésseis, oblongas, agudas ou obtusas, serrilhadas. Espigas vilosas; flor pequena e cor-de-rosa.

Informações de utilização: As folhas e as flores são usadas para esfregar em todo o corpo para o remédio da febre. Atar um pedaço de casca com um fio à volta do pescoço ou da mão de uma criança assustada para o tratamento da fobia.

Eclipta alba (L.) Hassk. (Asteraceae)

Designação vernácula: Kesraj

Nome Khumi: Aang-kuntuei

Nome inglês: Mackay Bean

Erva esguia, difusa ou suberecta; caule e ramos estrigosos com pêlos brancos comprimidos. Folhas sésseis, oblongo-lanceoladas, subentendidas, agudas, esparsamente estrigosas com pêlos comprimidos em ambos os lados. Cabeças solitárias ou 2 juntas em pedúnculos axilares desiguais; flores raiadas liguladas, brancas.

Informações de utilização: As folhas cozidas e o caule tenro são tomados como vegetais para aumentar o teor de sangue da mãe imediatamente após o parto.

Embelia ribes Burm. f. (Myrsinaceae)

Designação vernácula: Biranga

Nome Khumi: Mahaka

Nome inglês: Unknown

Arbusto escandente de grande porte; ramos longos, delgados, flexíveis. Folhas coriáceas, elípticas ou elíptico-lanceoladas, curta e obtusamente acuminadas, inteiras. Flores pequenas, em racemos frouxos e paniculados, terminais e das axilas superiores. Fruto globoso, preto quando maduro.

Informações de utilização: O extrato de raiz com água é tomado à noite em caso de obstipação.

Entada pursaetha DC. (Mimosaceae)

Nome vernáculo: Gilla

Nome Khumi: Akling

Nome inglês: Mackay Bean

Trepadeira lenhosa de grande porte, com caule muito retorcido. Folhas bipinadas, pinadas 2-3 pares, oblongas ou obovadas-oblongas, rigidamente coriáceas. Flores em espigas paniculadas ou simples, axilares ou nos nós de ramos velhos sem folhas. Flores pequenas, amarelas. Vagens ligeiramente curvas, lenhosas, recortadas entre as sementes.

Informações de utilização: A casca do caule é utilizada como detergente.

Etlingera linguiformis (Roxb.) R.M. Smith (Zingiberaceae)

Designação vernácula: Tera

Nome Khumi: Pynuei

Nome inglês: Unknown

Erva alta, folhosa, perene, com rizoma aromático robusto e copiosamente estolonífero. Folhas oblongas, lanceoladas, glabras. Espigas vermelhas, oblongas, estreitas em ambas as extremidades, com poucas flores, submersas na maior parte do tempo no solo. Labelo da flor oblongo, vermelho vivo e amarelo, deflectido, dobrado abaixo do meio.

Informações sobre a utilização: O caule esponjoso é utilizado como aditivo no caril, especialmente na carne de vaca e de veado.

Eupatorium odoratum L. (Asteraceae)

Nome vernáculo: Assam lata.

Nome Khumi: Owila

Nome inglês: Christmas Bush

Erva grosseira, caules teretes, pubescentes glandulares. Folhas opostas, deltoide-ovadas, triangulares ou lanceoladas, agudas ou acuminadas, inteiras ou serrilhadas, pubescentes por baixo. Cabeças em corimbos, terminando os ramos. Flores de cor azulada.

Informações de utilização: A pasta de folhas é aplicada nas áreas afectadas para parar a hemorragia.

Euphorbia hirta L. (Euphorbiaceae)

Designação vernácula: Dudhiya

Nome Khumi: Labeng-aaowi-asi

Nome inglês: Australian Asthma Herb

Pequena erva anual, híspida, com látex branco. Folhas opostas, obliquamente oblongo-lanceoladas ou obovado-lanceoladas, serrilhadas ou dentadas. Flores muito pequenas, agrupadas em pequenas cimas globosas axilares, pouco pedunculadas. Cápsulas minúsculas, peludas.

Informações de utilização: O látex da planta é esfregado nos lábios fissurados para tratar a ferida labial.

Feronia limonia (L.) Sw. (Rutaceae)

Designação vernácula: Kadbel.

Nome Khumi: Angklu

Nome inglês: Wood Apple

Árvore de tamanho médio, com espinhos rectos e fortes. Folhas imparipinadas, com cheiro a anis; pecíolo e ráquis planos, muitas vezes com asas estreitas; folíolos opostos, cuneiformes ou obovados. Flores pequenas, de um vermelho baço, em panículas laterais ou terminais. Frutos globosos, duros, cinzentos.

Informações de utilização: O extrato da raiz é tomado para o tratamento da febre tifoide.

Ficus semicordata Buch.-Ham. ex Smith. (Moraceae)

Nome vernáculo: Jagadumur

Nome Khumi: Thydu

Nome inglês: Unknown

Árvore perene de pequeno a médio porte, com ramos longos que se estendem até ao solo. Folhas de tamanho muito variável, geralmente elípticas ou oblongo-lanceoladas, acuminadas, inteiras ou serrilhadas, escabrosas em ambas as superfícies. Receptáculos aos pares ou em pequenos grupos, em longos rebentos desfolhados e escamosos, que partem dos ramos maiores ou do tronco principal perto da base, pouco pedunculados, globosos ou piriformes, castanho-avermelhados quando maduros.

Utilizar informação: Os frutos maduros são consumidos.

Flacourtia jangomas (Lour.) Raeus. (Flacourtiaceae)
Nome vernáculo: Painnagola
Nome Khumi: Thingrong
Nome inglês: Many spiked Flacortia

Pequena árvore de folha caduca, frequentemente armada de espinhos robustos e compostos no tronco principal e nos ramos com espinhos simples. Folhas oblongas ou ovais, acuminadas, crenadas-serradas, glabras. Flores pequenas, em racemos glabros com poucas flores. Frutos obovóides, de cor púrpura acastanhada quando maduros.

Utilizar informação: Os frutos maduros são consumidos.

Garcinia cowa Roxb. (Clusiaceae)
Nome vernáculo: Kau
Nome Khumi: Aangtrisabuee
Nome inglês: Cow Tree

Árvore perene de tamanho médio. Folhas largamente a elipticamente lanceoladas, acuminadas. Flor bastante pequena, amarela; as masculinas são mais pequenas em cachos terminais densos; as femininas são maiores, solitárias ou em 3-5 na extremidade dos ramos. Bago do tamanho de uma lima, ligeiramente 6-8 lóbulos, vermelho-escuro, um pouco deprimido no ápice.

Informações de utilização: Comem-se frutos maduros, de sabor azedo.

Gardenia coronaria Ham. (Rubiaceae)
Nome vernáculo: Sitgach
Nome Khumi: Kichingki
Nome inglês: Unknown

Árvore de folha caduca, de tamanho pequeno a médio, mas alta. Folhas subsésseis, obovadas, pouco acuminadas, brilhantes em ambas as superfícies. Flores grandes, subsésseis, terminais, brancas, mudando para amarelo, perfumadas. Fruto elipsoide, com 5 nervuras.

Informações de utilização: Esta espécie é plantada para cheirar bem em casa. As sementes são comidas.

Gloriosa superba L. (Liliaceae)

Designação vernácula: Ulatchandal

Nome Khumi: Kase-ei-king

Nome inglês: Malabar Glory Lily

Trepadeira herbácea glabra e ramificada. Folhas sessilovadas-lanceoladas, acuminadas, terminando numa ponta cirinada. Flores grandes, axilares, solitárias; pétalas linear-lanceoladas com margens onduladas e estaladiças, primeiro esverdeadas, depois amarelas. Cápsulas oblongas, trilobadas.

Informações de utilização: Plantada no jardim de casa como ornamental.

Gmelina arborea L. (Verbenaceae)

Designação vernácula: Gamar

Nome da Khumi: Aabbey

Nome inglês: Comb Teak

Árvore de folha caduca de tamanho médio. Folhas largamente ovadas, acuminadas, inteiras. Flores que surgem com ou antes das folhas jovens, geralmente em pequenas cimas de cerca de 3 flores, dispostas numa panícula. Drupa ovoide ou piriforme, amarelo-alaranjada quando madura.

Informações de utilização: O extrato da casca é tomado para o tratamento da febre.

Gomphrena globosa L. (Amaranthaceae)

Nome vernáculo: Botam phul

Nome Khumi: Kettye

Nome inglês: Globe Amaranth

Herbácea anual dicotomicamente ramificada, com ramos peludos ou subsiliciosos. Folhas subsésseis, elípticas ou obovadas-oblongas, agudas ou obtusas. Cabeças rosa-púrpura, globosas com 2 brácteas folhosas, pedunculadas, terminando os ramos.

Informações de utilização: Plantada no jardim de casa como ornamental.

Grangea maderespatana (L.) Poir. (Asteraceae)

Designação vernácula: Namuti

Nome Khumi: Seokley

Nome inglês: Madras Worm-wood

Erva anual prostrada, com ramos que se estendem a partir do centro. Folhas sésseis, sinuosamente pinadas; lóbulos mais pequenos na base. Flores muito pequenas, amarelas em cabeças globosas, solitárias, em pedúnculos curtos opostos às folhas.

Informações de utilização: Plantada no jardim de casa como ornamental.

Grewia microcos L. (Tiliaceae)

Designação vernácula: Patka

Nome Khumi: Bakong

Nome inglês: Unknown

Árvore pequena ou alta, semidecídua, por vezes arbustiva. Folhas elíptico-oblongas, acuminadas, inteiras ou ligeiramente e irregularmente dentadas. Flores pequenas, amarelas, em panículas terminais. Frutos globosos ou ligeiramente obovóides.

Informações de utilização: As folhas cozidas são utilizadas para o tratamento da iterícia.

Gymnopetalum cochinchinense (Lour.) Kurz. (Cucurbitaceae)

Nome vernáculo: Desconhecido

Nome Khumi: Aachoroy

Nome inglês: Unknown

Trepadeira bastante esguia; caule escabroso, peludo. Folhas reniformes a triangulares, com 5 ângulos ou lobadas a meio, bordos crenado-dentados. Pedúnculo masculino 2 em cada axila, 1 flor, outra recem-nascida; fêmeas 1 flor; pétalas brancas, ovado-oblongas. Frutos 10 estriados, bicudos, cor de laranja quando maduros.

Informações sobre a utilização: A pasta preparada a partir da raiz é usada para esfregar o corpo para o remédio de dores corporais.

Heliotropium indicum L. (Boraginaceae)

Designação vernácula: Hatisur

Nome Khumi: Maha-tala

Nome inglês: Heliotrope

Planta anual, grosseira, algo suculenta, com caule robusto e ramos ascendentes, mais ou menos densamente hirsutos. Folhas ovadas ou ovado-oblongas, obtusas ou subagudas, peludas. Flores pequenas, de cor violeta pálida, numerosas, sésseis, de dois ramos, em espigas simples ou raramente bifurcadas, geralmente extra-axilares.

Informações de utilização: Colar preparado a partir de nove flores com um fio à volta do pescoço de uma criança assustada para remediar a fobia. O extrato da raiz é tomado para curar a doença da criança.

Helminthostachys zeylanica L. (Helminthostachyaceae)

Designação vernácula: Ekbir.

Nome Khumi: Achakhing-buwei/Asakkhu

Nome inglês: Unknown

Feto estipitado, com rizoma espesso, carnudo e rastejante, segmento estéril palmado, muitas vezes em três divisões principais, que são novamente bifurcadas ou pinadas; espiga fértil solitária, surgindo da base do segmento estéril.

Indicações de utilização: As folhas cozidas são tomadas para parar a sensação de ardor durante a micção (disúria). As folhas são cozinhadas como legumes.

Hibiscus rosa-sinensis L. (Malvaceae)

Nome vernáculo: Jaba.

Nome da Khumi: Sweeli

Nome inglês: China rose

Arbusto ou pequena árvore ornamental. Folhas ovado-lanceoladas, mais ou menos acuminadas, irregularmente e grosseiramente serrilhadas na parte superior. Flores grandes, axilares solitárias; corola tubular em baixo, vermelha.

Informações de utilização: Plantada no jardim de casa como ornamental.

Hibiscus sabdariffa L. (Malvaceae)

Designação vernácula: Lalmesta

Nome Khumi: Aangtho

Nome inglês: Alazão vermelho

Arbusto anual ereto com caule e ramos vermelhos. Folhas cuneiformes na base, geralmente com 3-5 lóbulos; lóbulos lanceolados ou oblongos, serrilhados. Flores grandes, de cor púrpura com o centro mais escuro, axilares, solitárias. Cápsulas ovóides, bicudas, peludas.

Informações de utilização: As folhas frescas, os rebentos jovens e as cascas dos frutos são cozinhados e de sabor ácido.

Hibiscus surattensis L. (Malvaceae)

Nome vernáculo: Desconhecido

Nome Khumi: Sik-aangtho

Nome inglês: Unknown

Arbusto anual de caule fraco, suavemente felpudo e escassamente armado de espinhos. Folhas palmadas de 3-5 lóbulos, com base mais ou menos truncada, crenado-serrilhada; pecíolo longo, espinhoso. Flores grandes, amarelas com centro roxo escuro, axilares, solitárias. Cápsulas ovóides peludas.

Informações de utilização: As folhas frescas são cozinhadas como vegetais.

Hyptis suaveolens (L.) Poit. (Lamiaceae)

Designação vernácula: Tokma

Nome Khumi: Ky-sy-sheiyprang

Nome inglês: Unknown

Erva anual alta, grosseira, aromática, com caules tetraglados. Folhas ovadas, sinuadas e crenado-denticuladas, peludas. Flores pequenas, azuis, em cimas racemiformes axilares ou cimas reunidas em panículas tirsiformes quase sem folhas. Frutos secos comprimidos, ovóides e oblongos.

Informações sobre a utilização: As sementes são utilizadas para preparar refrigerantes e são tomadas para arrefecer o corpo e para tratar a obstipação. O sumo preparado a partir da raiz, esmagado numa pedra, é tomado para o tratamento da dor de estômago.

Impatiens balsamina L. (Balsaminaceae)

Designação vernácula: Dupati

Nome Khumi: Thetra

Nome inglês: Garden Balsam

Erva anual ornamental. Folhas lanceoladas, acuminadas, profundamente serrilhadas. Flores grandes, axilares, vistosas, de várias cores. Cápsulas fusiformes, tomentosas.

Informações de utilização: Plantada no jardim de casa como ornamental.

Ipomoea aquatica Forsk. (Convolvulaceae)

Designação vernácula: Kalmi Shak

Nome Khumi: Kangchoy

Designação inglesa: Swamp Cabbage

Uma reboleira glabra no solo ou flutuando na água, caule oco, enraizando-se nos nós. Folhas ovadas, ovadas-oblongas, deltóides, lanceoladas ou lineares, de base cordada, sagitada ou hastada. Flores 1 a 2 em cimas axilares. Corola em forma de funil, cor-de-rosa ou lilás pálido. Cápsula ovoide a globosa.

Informações de utilização: As folhas e o caule tenro são cozinhados ou fritos como legumes.

Ipomoea batatus (L.) Lamk. (Convolvulaceae)

Nome vernáculo: Misti Alu.

Nome Khumi: Lyho

Nome inglês: Sweet Potato

Erva prostrada, de caule rasteiro e raízes tuberosas; tubérculos vermelhos, brancos ou raramente amarelos. Folhas ovado-cordadas, agudas angulosas ou mais ou menos lobadas. Flores 1 a várias em cimas axilares. Corola em forma de funil, violácea pálida. Cápsula ovoide, raramente formada.

Informações de utilização: As folhas são cozinhadas como vegetais. Os tubérculos cozidos são comestíveis.

Ipomoea mauritiana Jacq. (Convolvulaceae)

Designação vernácula: Bhuikumra

Nome Khumi: Padiye

Nome inglês: Unknown

Grande planta geminada glabra com raiz tuberosa. Folhas profundamente palmadas divididas em 7-9 segmentos, cada segmento ovado, lanceolado ou oblongo, acuminado. Flores poucas a numerosas em cimas axilares ou terminais. Corola em forma de funil, de cor púrpura clara. Cápsula ovoide.

Informações de utilização: As plantas inteiras são utilizadas na preparação de um telheiro doméstico.

Ipomoea quamoclit L. (Convolvulaceae)

Nome vernáculo: Tarulata

Nome Khumi: Takabeya

Nome inglês: Cypress Vine

Planta anual, delgada e ramificada. Folhas cortadas pinnadamente, até à nervura central, em muitos pares de segmentos patentes lineares a filiformes. Flores 1 a poucas em cimas axilares. Corola em forma de salva, vermelha. Cápsula ovoide.

Informações de utilização: Plantada no jardim de casa como ornamental.

Ixora arborea Roxb. *ex* Sm. (Rubiaceae)

Nome vernáculo: Shet Rangan

Nome Khumi: Sejay-aep

Nome inglês: Torch-wood lxora

Pequena árvore ou arbusto de folha persistente, muito ramificada. Folhas opostas, subsésseis, coriáceas, elípticas ou oblongas, obtusas ou pouco acuminadas. Flores brancas, pequenas, muito numerosas, em cachos subglobosos, em cimas sésseis.

Informações de utilização: Plantada no jardim de casa como ornamental.

Ixora coccinea L. (Rubiaceae)

Nome vernáculo: Rangan

Nome Khumi: Kathangpo

Nome inglês: Jungle-flame lxora

Arbusto muito ramificado. Folhas coriáceas, sésseis ou subsésseis, oblongas, obtusas. Flores numerosas, de cor escarlate brilhante, em cimas sésseis, corimbiformes, de floração densa. Fruto globoso, carnudo, do tamanho de uma ervilha.

Informações de utilização: Plantada no jardim de casa como ornamental.

Jatropha gossypifolia L. (Euphorbiaceae)

Nome vernáculo: Lal Bheranda.

Nome Khumi: Ley-abeowe

Nome inglês: Bellyache-bush.

Pequeno arbusto de folha caduca com caule suculento. Folhas palmadas com 3-5 lóbulos, púrpura; pecíolo revestido de numerosas glândulas pontiagudas. Flores pequenas, vermelhas em cimas corimbosas terminais. O fruto é uma cápsula.

Indicações de utilização: Folha aquecida aplicada nas áreas afectadas para o tratamento da dor.

Justicia gendarussa Burm. (Acanthaceae)

Designação vernácula: Jagatmadan

Nome Khumi: Aawe

Nome inglês: Unknown

Arbusto rasteiro, ereto e delgado. Folhas lanceoladas ou linear-lanceoladas. Flores brancas, pintalgadas de púrpura no interior, em espigas interrompidas, nas axilas foliares superiores e formando frequentemente panículas terminais.

Indicações de utilização: A pasta preparada a partir da folha é aplicada nas áreas afectadas para o tratamento de reumatismo e eczema.

Kaempferia galanga L. (Zingiberaceae)

Nome vernáculo: Chandumula

Nome Khumi: Pramuii-kanneyei

Nome inglês: Unknown

Pequena erva rizomatosa, sem caule; rizoma tuberoso, aromático; fibras radiculares carnudas, cilíndricas. Folhas 2, espalhadas no solo, rotundas-ovadas, deltoide-acuminadas. Flores brancas, 6-12 no centro da planta, entre as folhas. Lábio largo, profundamente bilobado, com uma mancha lilás na base.

Informações sobre a utilização: Uma infusão de folhas é usada para dar banho em crianças para obter um bom aroma, como um perfume.

Kalanchoe pinnata (Lam.) Pers. (Crassulaceae)

Designação vernácula: Patharkuchi

Nome Khumi: Gang-amprony-king

Designação inglesa: American Life Plant

Erva erecta, suculenta e glabra. Folhas variáveis, as inferiores geralmente simples, ocasionalmente compostas, as superiores geralmente 3-5 ou por vezes 7-folioladas. Folíolos ovados ou elípticos, crenados ou serrilhados. Flores longas, púrpura-avermelhadas, pendentes, em grandes panículas extensas com ramos robustos opostos.

Informações de utilização: O extrato da planta é tomado duas vezes por dia durante sete dias para tratar a asma. A pasta preparada a partir das folhas é usada para engessar áreas afectadas em fracturas.

Lablab purpureus (L.) Sweet. (Fabaceae)

Nome vernáculo: Shim

Khumi nome: Khubi

Nome inglês: Bean

Grande geminação. Folhas 3-folioladas; folíolos ovados, agudos, base cuneiforme ou deltoide. Flores brancas ou cor-de-rosa, fasciculadas nos nós de racemos frouxos. Vagens comprimidas, com a ponta da base persistente do estilo em forma de gancho.

Informações de utilização: As vagens são cozinhadas como vegetais. As folhas são fervidas em água para o remédio da dor de garganta.

Lageneria siceraria (Mol.) Stan. (Cucurbitaceae)

Nome vernáculo: Lau

Nome Khumi: Aaoi

Nome inglês: Boottle Gourd

Erva trepadeira ou rasteira de grande porte, suavemente pubescente, com caule de 5 ângulos. Folhas grandes, ovadas ou orbiculares, cordadas, 5-angulares ou 5-lobadas, peludas em ambas as superfícies. Flores grandes, brancas, solitárias; pétalas 5, livres, obovadas, enrugadas, peludas de ambos os lados. Fruto grande, geralmente em forma de garrafa ou de haltere, por vezes ovado ou oval, muito variável em tamanho e forma.

Informações sobre a utilização: A casca do fruto é utilizada como pote de água. As folhas frescas são cozinhadas como legumes.

Laportea crenulata Gaud. (Urticaceae)

Designação vernácula: Chutra

Nome Khumi: Aatran

Nome inglês: Unknown

Arbusto de folha persistente. Folhas oblongo-lanceoladas, agudas, acuminadas ou caudadas, revestidas por baixo e muitas vezes por cima de pêlos urticantes, inteiras. Cimas curtas, flexuosas, suberectas; flores pequenas, dióicas em cimas dicotomicamente ramificadas.

Informações de utilização: As folhas frescas são cozinhadas como vegetais e tomadas para vermes intestinais. Além disso, o extrato de raiz é tomado duas vezes por dia para curar os vermes intestinais.

Lasia spinosa (L.) Thw. (Araceae)

Designação vernácula: Kantakachu

Nome Khumi: Asialong

Nome inglês: Unknown

Planta de pântano robusta, intensamente espinhosa, com porta-enxertos rastejantes. Folhas com pecíolos longos, jovens hastadas ou sagitadas, velhas pinadas, segmentos lanceolados, acuminados. Espata espiralada acima da espádice. Espádice de cor escarlate. Fruto: um sincarpo oblongo e capitado.

Informações de utilização: As folhas frescas são cozinhadas ou fritas como vegetais. O caule tenro é cozinhado com peixe seco.

Leucas aspera (Willd.) Link. (Lamiaceae)

Designação vernácula: Shetadrone

Nome Khumi: Ummi-acha

Nome inglês: Unknown

Erva anual, difusamente ramificada; ramos quadrangulares, híspidos. Folhas subsésseis, linear-oblongas ou oblongo-lanceoladas, obtusas inteiras ou crenadas, peludas. Flores brancas, sésseis ou subsésseis em espirais terminais e axilares.

Informações sobre a utilização: A pasta preparada a partir de folhas frescas é aplicada à volta da cabeça e em todo o corpo para o remédio da fobia de fantasmas.

Luffa acutangula (L.) Roxb. (Cucurbitaceae)

Designação vernácula: Jhinga

Nome Khumi: Beyoi

Nome inglês: Cabaça com nervuras

Trepadeira de grande porte, com gavinhas geralmente 3-fidais. Folhas palmadas 5-7 anguladas ou sublobadas. Flores amarelas, grandes; flores masculinas axilares; flores femininas solitárias. Fruto clavado-oblongo, afinando para a base, com nervuras longitudinais.

Informações de utilização: Os frutos frescos são cozinhados e fritos como legumes.

Lycopersicon lycopersicum (L.) Karsten (Solanaceae)

Nome vernáculo: Tometo

Nome Khumi: Belymeto

Nome inglês: Tomato

Erva anual viscamente pubescente e odorífera. Caules fracos e rasteiros. Folhas imparipinadas, liradas ou por vezes ligeiramente lobadas. Flores pequenas, amarelas. Frutos sumarentos, de tamanho, forma (redonda, oblonga ou lobada) e cor (vermelho escuro, vermelho tijolo ou amarelado) variáveis.

Informações de utilização: Os frutos frescos e maduros são consumidos crus ou cozinhados e têm um sabor ácido.

Mangifera indica L. (Anacardiaceae)

Designação vernácula: Aam

Nome Khumi: Apowe

Nome inglês: Mango

Árvore de porte médio a grande, perene, com copa extensa, grande e densa. Folhas amontoadas nas extremidades dos ramos, oblongas ou oblongo-lanceoladas, agudas. Flores pequenas em panículas grandes, com muitas flores, mais compridas do que as folhas. Drupas grandes, carnudas, obliquamente piriformes ou subovóides, subcomprimidas; caroço comprimido, muito duro.

Informações de utilização: Os frutos verdes e maduros são consumidos. Os frutos verdes também são utilizados para preparar chutney e pickles.

Manihot esculenta Crantz. (Euphorbiaceae)

Designação vernácula: Shimal alu

Nome Khumi: Akuho

Nome inglês: Cassava

Planta alta, herbácea, com um conjunto de raízes tuberosas. Folhas profundamente divididas em 3-7 partes; lóbulos lanceolados, acuminados. Flores em racemos paniculados, as masculinas geralmente acima e as femininas abaixo. Cápsula de três cocos com 2 válvulas.

Informações sobre a utilização: O tubérculo cozido é utilizado como um dos ingredientes para preparar a cerveja local (Muli).

Maranta arundinacea L. (Marantaceae)

Nome vernáculo: Ararut

Nome Khumi: Dongtrungam

Nome inglês: Arrowroot

Erva anual, rizomatosa, sem caule, com tubérculos cilíndricos-obovóides carnudos. Folhas ovado-oblongas, as superiores mais estreitas. Flores brancas, em inflorescência laxamente ramificada com 2 cotilédones.

Informações de utilização: Os rizomas cozidos são consumidos como vegetais.

Melocanna baccifera Trin. (Poaceae)

Designação vernácula: Bajali

Nome Khumi: leowli

Nome inglês: Bamboo

Bambu simpodial difusamente aglomerado. Rebentos jovens castanho-amarelados. Caules verdes quando jovens, cor de palha quando velhos.

Informações sobre a utilização: Vários tipos de materiais para uso doméstico foram fabricados a partir do bambu, alguns dos quais são apresentados de seguida:

Nome Khumi: Sa-e

Informações sobre a utilização: Sa-e é um cachimbo feito de bambu. É utilizado para fumar.

Nome Khumi: Beowha

Informações sobre a utilização: Beowha é um instrumento de captura de peixe feito de bambu e cana. É utilizado para apanhar camarões, caranguejos e peixes.

Nome Khumi: Saowang

Informações sobre a utilização: O Saowang é um cesto para recipientes de água feito de bambu e cana. É utilizado para transportar vasos de água a grande distância.

Nome Khumi: Tingtabeow

Informações de utilização: Um produto de bambu. Este pequeno cesto é utilizado para armazenar sementes.

Nome Khumi: Pahu aprong

Informações sobre a utilização: Pahu aprong é um utensílio de habitação feito de bambu e cana. É utilizado para secar sementes.

Nome Khumi: Tarai

Informações de utilização: Um produto de bambu. Este utensílio de cozinha é utilizado para guardar panelas.

Nome Khumi: My-mu-sangfu

Informações de utilização: Um produto de bambu. Este utensílio de cozinha é utilizado para inflamar o fogo ardente.

Nome Khumi: Tangki

Informações sobre a utilização: Tangki é um utensílio de cozinha feito de bambu.

Nome Khumi: Neow kajeng

Informações de utilização: Um produto (utensílios de cozinha) de bambu é utilizado para mexer o arroz a ferver.

Nome Khumi: Ang kajeng

Informações de utilização: Um produto (utensílios de cozinha) de bambu é utilizado para mexer caril.

Nome Khumi: Cha pai

Informações relativas à utilização: Cha pai é um contentor de armazenamento de sementes feito de bambu e cana. É utilizado para armazenar o arroz em grande escala.

Merremia vitifolia (Burm. f.) Hallier f. (Convolvulaceae)

Designação vernácula: Karmalata

Nome Khumi: Engffeyei

Nome inglês: Unknown

Uma grande planta de gémeos, glabra ou patentemente hirsuta. Folhas palmadas com 5-7 lóbulos, lóbulos triangulares acuminados, peludas na parte superior, jovens de cor bronze. Flores 1-7 em cimeiras pedunculadas; corola amarela. Cápsula subglobosa.

Informações de utilização: O sumo preparado a partir da planta é tomado para arrefecer o corpo.

Mesua nagessarium (Burm.) Kost. (Clusiaceae)

Nome vernáculo: Nageswar

Nome Khumi: Seutump

Nome inglês: Ceylon Ironwood

Árvore perene de tamanho médio a grande, com copa cónica densa. Folhas oblongo-lanceoladas, agudas ou acuminadas, vermelhas quando jovens. Flores brancas, com 4 pétalas, perfumadas, axilares ou terminais, solitárias ou aos pares. Fruto ovoide com ponta cónica.

Informações de utilização: O extrato preparado a partir da raiz é tomado duas vezes por dia para a cura da febre e também é utilizado como purificador do sangue.

Michelia champaca L. (Magnoliaceae)

Nome vernáculo: Chapa

Nome Khumi: Chechang

Nome inglês: Golden Champa

Árvore de tamanho médio a grande, perene ou semidecídua, frequentemente com copa cónica. Folhas lanceoladas, agudas ou acuminadas. Flores muito perfumadas, solitárias axilares, amarelas ou alaranjadas. Fruto um agregado de folículos, orbicular, lenhoso

.

Informações sobre a utilização: A madeira é utilizada como combustível e para preparar mobiliário e materiais domésticos.

Mikania cordata (Burm. f.) Roxb. (Asteraceae)

Nome vernáculo: Toofainna lata

Nome Khumi: Lyhu-azing/Japai-acha

Designação inglesa: Climbing Hempweed.

Trepadeira de grande porte. Folhas longamente pecioladas, ovadas, agudas ou acuminadas, base arredondada, cordada ou truncada, crenada ou angulosa. Flores pequenas, brancas, em cabeça de 4 flores, corimbosas, terminando em ramos laterais.

Indicações de utilização: As folhas frescas esmagadas são aplicadas em cortes e feridas para estancar hemorragias.

Mimosa pudica L. (Mimosaceae)

Designação vernácula: Lajjaboti

Nome Khumi: Aangze

Designação inglesa: Sensitive Plant

Arbusto difuso, espinhoso e rasteiro. Folhas sensíveis, digitadas, pinadas; pinas 1-2 pares; folíolos 12-20 pares, linear-oblongos, agudos. Flores cor-de-rosa, em cabeças globosas, geralmente em pares axilares. Vagens planas, ligeiramente recurvadas.

Informações de utilização: O extrato preparado a partir da raiz é tomado duas vezes por dia durante um mês para tratar as hemorróidas.

Mitragyna parvifolia (Roxb.) Korth. (Rubiaceae)

Designação vernácula: Phulkadam

Nome Khumi: Lekhong

Nome inglês: Unknown

Árvore de folha caduca, pequena ou média. Folhas de tamanho e forma variáveis, elípticas, suborbiculares ou obovadas, arredondadas, agudas ou rudemente acuminadas. Flores amarelo-esverdeadas, globosas.

Informações sobre a utilização: A madeira é utilizada como combustível e para preparar materiais domésticos.

Molineria capitulata (Loureiro) Herbert. (Hypoxidaceae)

Nome vernáculo: Satipata

Nome Khumi: Shapang-aa

Nome inglês: Unknown

Erva perene com rizomas robustos. Folhas em rosetas basais, grandes, lanceoladas, plissadas; inflorescência em racemo condensado, ovoide, deflexo, capitado; lóbulos do perianto da flor amarelos no interior, oblongo-ovados. Bago ovoide-globoso, peludo

Informações sobre a utilização: As folhas são utilizadas para embalar a carne.

Mollugo pentaphylla L. (Molluginaceae)
Nome vernáculo: Julpapra
Nome Khumi: Somtam
Nome inglês: Unknown

Erva anual, pequena, glabra. Folhas pequenas, em espirais de 2-9, linear-lanceoladas a obovadas, obtusas ou agudas. Flores pequenas, brancas, numerosas em cimeiras frouxas, corimbosas e terminais; pedúnculos e pedicelos filiformes. Cápsulas minúsculas, subglobosas.

Informações de utilização: O extrato das folhas é tomado duas vezes por dia para o tratamento da asma durante três dias ou até ficar curado.

Momordica charantea L. (Cucurbitaceae)

Nome vernáculo: Karolla

Nome Khumi: Achamasi

Nome inglês: Bitter Ground

Trepadeira delgada com caule anguloso e gavinhas simples. Folhas de contorno quase orbicular, profundamente divididas em 5-7 lóbulos, grosseiramente espinhosas-dentadas. Flores monóicas, amarelas, solitárias, com pedúnculos longos e finos. Frutos pendentes, fusiformes, com numerosos tubérculos triangulares, amarelos quando maduros.

Informações de utilização: Os frutos e folhas frescos são cozinhados como vegetais. A folha aquecida é aplicada na zona afetada para tratar as dores corporais.

Momordica cochinchinensis Spreng. (Cucurbitaceae)

Nome vernáculo: Kakrol

Nome Khumi: Achampol

Nome inglês: Unknown

Trepadeira de grande porte, com porta-enxertos perenes e raízes tuberosas. Folhas de contorno suborbicular, cordadas na base, raramente com 3 ou 5 lóbulos. Flores monóicas, grandes, solitárias, brancas, tingidas de amarelo. Fruto ovoide, pontiagudo, vermelho, densamente coberto de pontos salientes.

Utilizar informação: As frutas são cozinhadas como legumes.

Murraya koenigii (L.) Spreng. (Rutaceae)

Designação vernácula: Chhotokamini

Nome Khumi: Shatley

Nome inglês: Curry-leaf Tree

Arbusto ou pequena árvore de cheiro forte. Folhas compostas pinadas; folíolos variáveis, geralmente obliquamente ovados, obtusamente acuminados, crenulados. Flores pequenas, brancas em corimbos terminais muito ramificados e com muitas flores. Fruto ovoide ou subgloboso, preto, rugoso.

Informações sobre a utilização: A madeira é utilizada como combustível e para preparar materiais domésticos.

Musa ornata Roxb. (Musaceae)

Nome vernáculo: Ramkola.

Nome Khumi: Sengam

Nome inglês: Wild Banana

Pequena erva arbustiva. Folhas lineares-oblongas, com cerca de 1 m de comprimento. Espiga aproximadamente erecta. Brácteas oblongas, amontoadas. Frutos com muitas sementes.

Informações sobre a utilização: As folhas são utilizadas para embalar arroz cozido para o manter quente.

Mussaenda glabrata Hutch. (Rubiaceae)

Designação vernácula: Nagabali

Nome Khumi: Atehe

Nome inglês: Unknown

Arbusto rampante. Folhas pouco pecioladas, amplamente elípticas, pouco acuminadas. Flores em cimeiras terminais; cálice linear-subulado, um dos dentes do cálice alargado numa grande bandeira peciolada, branca, persistente, semelhante a uma folha; corola amarela profunda. Bagas globosas, glabras.

Informações de utilização: Plantada no jardim de casa como ornamental.

Nicotiana tabacum L. (Solanaceae)

Nome vernáculo: Tamak.

Nome Khumi: Sro

Nome inglês: Tobacco

Erva erecta glandular-pubescente. Folhas grandes, oblongo-lanceoladas, acuminadas, a inferior semiamplexicaul e decurrente. Flores rosadas ou avermelhadas, pediceladas, em racemos com muitas flores, geralmente em panículas. Cápsula um pouco mais comprida do que o cálice.

Informações sobre a utilização: As folhas são utilizadas para preparar charutos para fumar. O pó preparado a partir de folhas secas e cal (localmente chamado Gul) é aplicado nas áreas afectadas como um remédio para a dor de dentes.

Ocimum americanum L. (Lamiaceae)

Designação vernácula: Ban Tulsi.

Nome Khumi: Sheprang

Nome inglês: Rosário de manjericão

Erva anual aromática muito ramificada. Folhas elíptico-lanceoladas, agudas em ambas as extremidades. Flores pequenas, brancas, em espirais bastante próximas, em racemos espiciformes. Frutos secos elipsoides, pretos.

Informações sobre a utilização: Uma semente seca é aplicada na órbita ocular como limpa-olhos. As folhas frescas também são utilizadas como aditivo.

Ocimum basilicum L. var. ***purpuresence*** (Lamiaceae)

Designação vernácula: Tulshi

Nome Khumi: Leowng.

Nome inglês: Unknown

Erva delgada, muito perfumada e muito ramificada, geralmente de cor púrpura. Folhas ovadas, agudas, inteiras ou mais ou menos lobadas ou dentadas. Flores de cor púrpura clara, em racemos quase únicos. Frutos secos elipsoides.

Informações sobre a utilização: As folhas são utilizadas em caril como aditivo aromático. Esta espécie é plantada em jardins domésticos para dar bom cheiro e também é usada como ornamental.

Oryza sativa L. (Poaceae)

Designação vernácula: Dhan.

Nome Khumi: Cho

Nome inglês: Rice

Uma cultura anual. Lâmina da folha linear, plana, estriada, escabrosa; lígula pontiaguda, muitas vezes proeminentemente exercida. Panícula parcialmente incluída na bainha superior da folha ou mais geralmente exercida, erecta na flor, acenando no fruto.

Utilizar informação: Os cereais são utilizados como alimentos de base. O arroz cozido é o ingrediente da Muli (cerveja Bangla)

Paederia foetida L. (Rubiaceae)

Designação vernácula: Gandhabhaduli

Nome Khumi: Clemra/Ambikku

Nome inglês: Chinese Flower Plant

Trepadeira extensa e fetuosa. Folhas opostas, ovadas ou lanceoladas, agudas ou cuspidadas. Flores de cor violeta, pouco pediceladas, em cimas paniculadas tricolomadas e delgadas, frequentemente escorpióides; corola em forma de funil. Fruto orbicular, asas pálidas.

Informações de utilização: As folhas são cozinhadas e tomadas como remédio para a indigestão

Passiflora foetida L. (Passifloraceae)

Nome vernáculo: Jhumkolata

Nome Khumi: Thaplang

Nome inglês: Passion-flower

Trepadeira esguia. Folhas palmadas. Flores brancas com centro púrpura, solitárias, axilares, com um invólucro de bractéolas finamente pinadas. Fruto semelhante a uma pequena groselha, amarelo quando maduro.

Utilizar informação: Os frutos maduros são consumidos.

Phoenix sylvestris (L.) Roxb. (Arecaceae)

Designação vernácula: Khejur

Nome Khumi: Chamley

Nome inglês: Date Sugar Plam.

Uma palmeira alta e graciosa. Tronco rugoso a partir da base persistente dos caules das folhas. Coroa herisférica. Folhas pinadas, com a base das folhas com alguns espinhos triangulares curtos. Pínulas muito numerosas, densamente fasciculadas, rígidas, ensiformes, espinhosas e pontiagudas. Frutos alaranjados, oblongo-elipsoides, dispersos em longas espigas pendentes de cor semelhante.

Informações de utilização: São consumidos frutos verdes e maduros. O sumo de tâmara é tomado como refrigerante.

Phyllanthus emblica L. (Euphorbiaceae)

Designação vernácula: Amloki

Nome Khumi: Dysikhlu

Designação inglesa: Emblic Myrobalan

Árvore de folha caduca, de pequeno a médio porte. Banquetas plumosas com folhas disticuladas, semelhantes a uma folha pinada; folhas pequenas, rombudas. Flores pequenas, amarelo-esverdeadas, monóicas, em cachos axilares. Fruto uma drupa globosa, obscuramente 6-lobada.

Utilizar informação: Os frutos são consumidos.

Physalis micrantha Link. (Solanaceae)

Designação vernácula: Phutka

Nome Khumi: Tumplang

Nome inglês: Winter Cherry

Erva anual. Caule e ramos angulosos. Folhas elípticas ou ovadas ou dentadas. Flores solitárias, axilares. Corola amarela, geralmente com manchas roxas na base interna da corola. Bago ovoide ou subgloboso, com 5 ou por vezes 10 nervuras. Sementes numerosas, discóides ou reniformes.

Utilizar informação: Os frutos maduros são consumidos.

Piper betel L. (Piperaceae)

Nome vernáculo: Pan

Nome Khumi: Mra

Nome inglês: Betel-leaf

Trepadeira robusta. Folhas grandes, largamente ovadas, ovado-oblongas ou arredondadas, cordadas na base, pouco acuminadas, agudas, inteiras, brilhantes nas duas faces. Espigas densas, cilíndricas, pendentes. Frutos escassamente produzidos, bem imersos na espiga carnuda, de cor vermelha.

Informações de utilização: As folhas são tomadas para o remédio da flatulência e utilizadas para tratar a indigestão.

Plumeria rubra L. (Apocynaceae)

Nome vernáculo: Kat-golap

Nome Khumi: Lingmei-kamseng

Nome inglês: Pagoda Tree

Pequena árvore de folha caduca com ramos grossos e sumo leitoso abundante; casca cortiça, fissurada. Folhas oblanceoladas, espessas. Flores brancas com centro amarelo, em cimas terminais pedunculadas.

Informações de utilização: O extrato preparado a partir da raiz é tomado diariamente durante três dias para controlar a menstruação excessiva.

Premna esculenta Roxb. (Verbenaceae)

Designação vernácula: Lalana

Nome Khumi: Angkung-gam

Nome inglês: Unknown

Arbusto de caule curto e ramificado. Folhas opostas, elípticas ou elíptico-lanceoladas, acuminadas, fortemente serrilhadas, base cuneada. Flores pequenas, branco-amareladas, em corimbos densos e globosos na extremidade dos ramos. Frutos drupáceos, globosos, arroxeados.

Informações de utilização: O extrato de folhas cozidas é tomado como purificador do sangue. As folhas são usadas para preparar saladas, chutney e cozinhadas como vegetais.

Psidium guajava (L.) Bat. (Myrtaceae)

Nome vernáculo: Peyara

Nome Khumi: Ka-i

Nome inglês: Guava

Pequena árvore perene com casca lisa, castanho-rosada. Folhas opostas, oblongas ou elíptico-oblongas, inteiras, pubescentes por baixo. Flores brancas em pedúnculos axilares com 1-3 flores. O fruto é uma baga globosa ou piriforme.

Informações de utilização: O extrato de folhas fervidas é tomado para aliviar a dor de dentes. Comem-se frutos verdes e maduros.

Pueraria tuberosa DC. (Fabaceae)

Nome vernáculo: Shemia batraj.

Nome Khumi: Lekuie

Nome inglês: Unknown

Trepadeira perene de grande porte, com grandes raízes tuberosas. Folhas trifoliadas; o terminal amplamente ovado, ovado-oblongo. Flores azuis ou azul-arroxeadas, em racemos. Vagens achatadas e densamente revestidas de pêlos castanhos longos, sedosos e cerdosos.

Informações de utilização: A seiva do trepadeira é aplicada em cortes para estancar hemorragias. Além disso, a tintura preparada a partir do caule (trepadeira) é utilizada para tingir fios de algodão.

Rauvolfia serpentina (L.) Benth. *ex* Kurz. (Apocynaceae)

Nome vernáculo: Sarpagandha

Nome Khumi: Braymaraya

Nome inglês: Snake-root

Pequeno arbusto ereto. Folhas em espirais, lanceoladas, agudas ou acuminadas, glabras. Flores brancas, em cimas corimbosas irregulares, com muitas flores; pedicelos e cálice de cor vermelho vivo. Tubo da corola delgado, inchado um pouco acima do meio. Drupas simples ou didímicas, com cerca de 6 mm de diâmetro, de cor negra arroxeada quando maduras.

Informações de utilização: O extrato preparado a partir da raiz é tomado duas vezes por dia durante sete dias para o tratamento da tensão arterial elevada, dores abdominais, diarreia e disenteria.

Ricinus communis L. (Euphorbiaceae)

Designação vernácula: Bherenda

Nome Khumi: Apow

Nome inglês: Castor oil plant

Arbusto alto e delgado, perene, de madeira macia. Folhas grandes, com lóbulos palmados; serrilhadas. Flores monóicas. As flores masculinas estão agrupadas na parte superior da inflorescência e as femininas na parte inferior. Fruto: cápsula espinhosa, globosa e oblonga, com três cocos com duas válvulas.

Informações de utilização: O endosperma da semente é tomado antes e depois de sete dias de menstruação como contracetivo.

Saccharum arundinaceum Rets. (Poaceae)

Designação vernácula: Teng

Nome Khumi: Spey

Nome inglês: Pin Reed Grass

Erva gigantesca com tufos. Lígula truncada com um anel ou tufo de pêlos longos e sedosos. Panícula cor-de-rosa, branca ou prateada, difusa durante a floração.

Informações de utilização: O extrato preparado a partir de toda a planta é utilizado para o tratamento da disenteria.

Saccharum officinarum L. (Poaceae)
Designação vernácula: Akh
Nome Khumi: Pichchi
Nome inglês: Sugarcane

Erva alta, erecta, perene, com caule sólido e suculento, com muitos nódulos. Lígulas muito curtas, membranosas, ciliadas; lâminas linear-lanceoladas. Panículas piramidais, densas e prateadas.

Informações de utilização: O caule é tomado como sumo e tónico, refrescante. Além disso, o sumo é tomado na iterícia.

Sarcochlamys pulcherrima Gaud. (Articaceae)
Designação vernácula: Brihati
Nome Khumi: Amthay
Nome inglês: Unknown

Arbusto de grande porte a pequena árvore. Folhas de ovadas a linear-lanceoladas ou linear-oblongas, acuminadas, com 3 nervuras, pustuladas por cima e densamente branco-tomentosas por baixo. Espigas em cimas ramificadas, aproximadamente iguais ao pecíolo; flores minúsculas.

Informações de utilização: A folha cozida é consumida como vegetal.

Sesamum indicum L. (Pedaliaceae)

Nome vernáculo: Til

Nome Khumi: Katteyei

Nome inglês: Sesame

Erva anual, erecta e pubescente. Folhas simples e de forma variada, desde ovadas a lineares. Flores roxas ou esbranquiçadas com marcas roxas ou amarelas, caídas, pubescentes. Cápsula oblonga, com 4 gónadas rombas, erecta e deiscente de cima para baixo.

Informações sobre a utilização: O óleo comestível é preparado a partir da semente. Também é utilizado para preparar um bolo tradicional (localmente chamado pitha).

Sesbania sesban (L.) Merr. (Fabaceae)

Designação vernácula: Dhaincha

Nome Khumi: Dhoineyekeng

Nome inglês: Common Sesban

Pequena árvore de madeira macia, de crescimento rápido e curta duração. Folhas paripinadas; folíolos 9-14 pares, opostos, lineares-oblongos. Flores amarelas, em racemos axilares de floração frouxa; estandarte orbicular, manchado de púrpura no dorso. Vagem linear, pendente, torcida, ligeiramente torulosa, fortemente bicuda.

Informações sobre a utilização: As plantas inteiras são utilizadas como adubo verde para aumentar a fertilidade do solo.

Setaria italica (L.) Beauv. (Poaceae)

Designação vernácula: Kaon

Nome Khumi: Chatong

Nome inglês: Italian millet

Erva anual. Caules erectos. Folhas lineares ou lanceoladas-lineares, acuminadas. Panícula densa, inclinada ou nodular, simples, cilíndrica ou lobada ou composta.

Informações de utilização: O grão é cozinhado como arroz cozido.

Sida acuta Burm. f. (Malvaceae)

Nome vernáculo: Ban Methi

Nome Khumi: Sikkhu

Nome inglês: Unknown

Subarbusto lenhoso anual muito ramificado; ramos delgados, teretos. Folhas lanceoladas, com base arredondada, nitidamente serrilhadas. Flores 1-2 em cada axila; lóbulos triangulares; corola amarela, quase duas vezes mais longa que o cálice.

Indicações de utilização: A pasta preparada a partir das folhas, flores e frutos é aplicada na cabeça para o tratamento da calvície e também para tratar a sarna. As folhas são infundidas em água e utilizadas como champô.

Smilax zeylanica L. (Smilacaceae)

Nome vernáculo: Kumarilata

Nome Khumi: Aawing

Nome inglês: Indian Sarsaparilla

Trepadeira de grande porte; caules lisos, estriados, armados com alguns pequenos espinhos distantes. Folhas alternas, pecíolo robusto. Umbelas 2-3, alternas numa inflorescência; flores pequenas. O fruto é uma baga globosa, do tamanho de uma ervilha grande, vermelha quando madura.

Informações de utilização: A raiz é tomada como substância mastigatória para o remédio da dor de dentes e da piorreia.

Solanum melongena L. (Solanaceae)

Designação vernácula: Begun

Nome Khumi: Meto

Nome inglês: Brinjal

Erva robusta, armada ou não armada; partes jovens muito tomentosas. Folhas grandes, elípticas, subentendidas, sinuosas ou com lóbulos pouco profundos. Flores solitárias ou várias em cimeira, sendo a mais baixa a única fértil. Fruto em baga, verde, branco, amarelo ou púrpura escuro, muito variável em tamanho e forma, oval, ovado, oblongo ou linear.

Informações de utilização: As frutas são cozinhadas como legumes.

Solanum nigrum L. (Solanaceae)

Designação vernácula: Phuti Begun

Nome Khumi: Epychu

Nome inglês: Black Night Shade

Erva anual; caule muito ramificado de forma divaricada. Folhas ovado-lanceoladas, subagudas ou acuminadas, inteiras ou com dentes sinuosos. Flores pequenas, brancas, em cimas extra-axilares, subumbeladas, com 3-8 flores. Bago de 6 mm de diâmetro, globoso, preto arroxeado quando maduro.

Informações de utilização: As folhas são cozinhadas como legumes.

Solanum torvum Swartz. (Solanceae)

Designação vernácula: Phutki

Nome Khumi: Engfy-poi

Nome inglês: Unknown

Arbusto rasteiro muito ramificado; ramos providos de espinhos curvos. Folhas de contorno ovado, agudas, subentendidas ou com alguns grandes lóbulos subagudos triangulares-ovados, esparsamente espinhosas em ambos os lados, peludas. Flores em racemosas, de cor púrpura clara. Bago globoso, amarelo escuro quando maduro.

Informações de utilização: Os frutos verdes são cozinhados como vegetais, o que é bom para a gastrite.

Solanum violaceum Ortega (Solanaceae)

Nome vernáculo: Tit Begun

Nome Khumi: Engfy-cha

Nome inglês: Indian Night Shade

Arbusto tomentoso, pouco armado. Folhas ovadas sinuadas ou lobadas, estreladamente tomentosas por baixo e suavemente peludas por cima, sem espinhos. Flores brancas, em cimas curtas, extra-axilares, laterais, frequentemente bifurcadas e densas, com muitas flores. Fruto em baga, globoso, liso, amarelo quando maduro.

Informações de utilização: O extrato preparado a partir de raízes esmagadas misturado com água é tomado como solução salina para o tratamento da diarreia até à cura.

Spilanthes calva DC. (Asteraceae)

Nome vernáculo: Marhatitiga

Nome Khumi: Athangdi

Nome inglês: Unknown

Erva anual erecta; caule e ramos mais ou menos peludos. Folhas opostas, ovadas, agudas ou subobtusas, irregularmente crenado-serrilhadas, base aguda. Cabeças amarelas, ovóides, solitárias ou subpaniculadas.

Informações de utilização: A folha cozida é consumida como legume e salada. A flor é aplicada para o remédio da dor de dentes.

Stephania japonica (Thunb.) Miers. (Menispermaceae)

Designação vernácula: Akanadi

Nome Khumi: Ajing-kammu

Nome inglês: Tape-vine

Trepadeira esguia e rasteira. Folhas peltadas, amplamente triangulares, ovado-acuminadas. Inflorescências axilares, compostas, cimas umbeliformes, geralmente simples por axila. Flores pequenas, flor masculina branco-esverdeada ou amarelada. Drupas amarelo-claro a vermelho-alaranjado, obovadas, glabras.

Informações de utilização: O extrato preparado a partir do porta-enxerto tuberoso de twiner é tomado como uma solução salina oral até à cura para o tratamento da diarreia.

Sterculia villosa Roxb. (Sterculiaceae)
Designação vernácula: Udal
Nome Khumi: Langowi
Nome inglês: Unknown

Árvore de folha caduca, de tamanho médio, com casca branca; ramos poucos, espalhados. Folhas glabrescentes palmadas com 5-7 lóbulos, lóbulos acuminados; Flores pequenas, as masculinas são muito mais que as femininas. Sementes oblongas, pretas.

Informações de utilização: A casca fresca é utilizada como alternativa à cana e como corda. As folhas frescas são embebidas em água durante toda a noite e o extrato é tomado de manhã como remédio para a fraqueza geral. As sementes fritas são comidas.

Syzygium cumini (L.) Skeel. (Myrtaceae)

Nome vernáculo: Compota

Nome Khumi: Pramoii

Nome inglês: Indian black-berry

Árvore de grande porte, de folha perene ou semidecídua. Folhas elíptico-oblongas, acuminadas, inteiras, com as nervuras secundárias estreitamente paralelas. Flores branco-esverdeadas, sésseis em cimas tricotómicas compostas nos ramos dos anos anteriores. Fruto em forma de baga, oblongo, preto, sumarento.

Utilizar informação: Os frutos maduros são consumidos.

Tabernaemontana divaricata (L.) R.Br. (Apocynaceae)

Designação vernácula: Tagar

Nome Khumi: Aekachop

Nome inglês: Wax Flower

Arbusto dicotomicamente ramificado, com látex leitoso. Folhas opostas, elípticas ou elíptico-lanceoladas, acuminadas. Flores brancas, em cimas solitárias ou geminadas de 1-8 flores nas bifurcações dos ramos. Frutos 2 folículos divaricados, estreitados num bico fino e curvo, vermelho vivo no interior.

Informações de utilização: Plantada no jardim de casa como ornamental.

Tacca integrifolia Ker. Gawl. (Taccaceae)

Designação vernácula: Bara Hikand

Nome Khumi: Lykkho

Nome inglês: Unknown

Erva com porta-enxertos oblongos e curvos. Folhas inteiras, ovadas elípticas, acuminadas, fortemente nervuradas. Escapo castanho-marrom, quase tão longo quanto o pecíolo, robusto, recurvado ou dobrado para um lado, com poucas flores. Flores claras, lóbulos exteriores subulados, mais curtos do que os interiores obtusos. Bago oblongo, carnudo.

Informações de utilização: O talo da folha é cozinhado como vegetal.

Tagetes erecta L. (Asteraceae)

Designação vernácula: Gandaphul

Nome Khumi: Popengpo

Nome inglês: African Marigold

Erva anual ornamental erecta, fortemente aromática. Folhas divididas pinnadamente, segmentos lanceolados-serrilhados, fortemente aromáticas. Flores em cabeças terminais, de cor que varia de um amarelo-enxofre claro a um laranja profundo.

Utilização de informações: As especiarias são plantadas nas entrelinhas do arrozal a uma distância de 1m. A planta é batida e acredita-se que funcione como inseticida.

Tamarindus indica L. (Caesalpiniaceae)
Designação vernácula: Tetul
Nome Khumi: Mekkesi
Nome inglês: Tamarind Tree

Árvore de grande porte, de folha perene, com copa arredondada e tronco comparativamente mais pequeno. Folhas peripinadas, folíolos pequenos, 10-20 pares, oblongos lineares, ligeiramente entalhados no ápice. Flores em racemos terminais, frouxos, pouco floridos; pétalas subiguais, amareladas com riscas cor-de-rosa. Fruto em vagem, indeiscente, ligeiramente curvado, subcomprimido, com polpa muito ácida.

Informações de utilização: Os cotilédones da semente são aplicados nas áreas afectadas por mordeduras de cobra e de cão. Acredita-se que os cotilédones permanecerão ligados até que o veneno seja removido.

Tectona grandis L. f. (Verbenaceae)

Nome vernáculo: Segun.

Nome Khumi: Klapang

Nome inglês: Teak

Árvore de folha caduca de grande porte, com tronco canelado. Folhas opostas, amplamente elípticas ou obovadas, acuminadas, cuneiformes na base, ásperas. Flores pequenas, brancas, em grandes panículas cimosas erectas e terminais. Fruto drupa sub-globosa, pericarpo mole com densos pêlos estrelados felpudos, endocarpo ósseo.

Informações sobre a utilização: A madeira é utilizada como combustível e para preparar mobiliário e materiais domésticos.

Tetrastigma serrulata (Roxb.) Planct. (Vitaceae)
Nome vernáculo: Desconhecido
Nome Khumi: Howngaya
Nome inglês: Unknown

Trepadeira de folha caduca. Folha gavial oposta, glabra. Folhas obovadas ou lanceoladas. Flores verde-amareladas, tetraméricas.

Informações de utilização: As folhas e o caule tenro são cozinhados como legumes.

Thevetia peruviana (Pers.) K. Schum. (Apocynaceae)

Designação vernácula: Kalkephul

Nome Khumi: Sakho-kazzeye

Nome inglês: Yellow Oleander

Arbusto ou pequena árvore de grande porte, de folha persistente. Folhas lineares, estreitas em ambas as extremidades, dispostas em espiral. Flores em cimas terminais pouco floridas; corola amarela, perfumada, em forma de funil. Fruto largamente obovado em secção longitudinal, mesocarpo ósseo.

Informações de utilização: A seiva da flor é apanhada pelas crianças. O embrião da semente com banana madura é alimentado ao porco antes de ser morto.

Thunbergia grandiflora Roxb. (Acanthaceae)

Nome vernáculo: Nillata

Nome Khumi: Kaly-kholo-ajing

Nome inglês: Unknown

Trepadeira de grande porte. Folhas ovadas ou na parte superior lanceoladas, frequentemente angulosas ou lobadas, escabrosas ou pubescentes. Racemos geralmente robustos, pubescentes, de floração algo densa, ou mais delgados, alongados. Flores conspícuas, corola azul; tubo ventricoso, curvo, limbo oblíquo, lóbulos 5, arredondados. Cápsula globosa, subitamente estreitada num bico estéril em forma de espada.

Informações sobre a utilização: A seiva do caule é aplicada aos olhos em caso de doença ocular ou choque.

Tinospora crispa Miers. (Menispermaceae)

Designação vernácula: Gulancha.

Nome Khumi: Atavei-ajing

Nome inglês: Unknown

Trepadeira alta, lenhosa; inteiramente glabra. Caule tuberculado ou verrugoso. Folhas ovadas a oblongo-ovadas, aacuminadas, base truncada ou muito ligeiramente cordada. Flores pequenas, verdes, em racemos delgados e frouxos. Frutos oblongos, amarelos ou vermelhos.

Informações de utilização: Quatro a cinco pedaços (de 2 polegadas cada) de caule são mergulhados num copo de água durante toda a noite e o extrato é tomado na manhã seguinte para o tratamento da tensão arterial elevada e das hemorróidas.

Torenia violacea (Azaola ex Blanco) Pennell (Scrophulariaceae)

Nome vernáculo: Desconhecido

Nome Khumi: Apeeo

Nome inglês: Unknown

Ervas anuais. Caules erectos ou decumbentes, simples ou ramificados. Folhas membranosas; lâminas ovadas a oblongo-ovadas, ápice agudo, base truncada, margens serrilhadas, esparsamente pubescentes. Flores solitárias, axilares ou em subcélulas ou racemos terminais com poucas flores. Cápsulas oblongas.

Informações de utilização: As folhas cozidas são consumidas como vegetais. É bom para a saúde e nutritivo.

Trevesia palmata Vis. (Araliaceae)
Nome vernáculo: Argoza
Nome Khumi: Chekara
Nome inglês: Unknown

Pequena árvore não ramificada, com espinhos curtos no caule. Folhas grandes, profundamente palmatifidas ou palmatisectas, lóbulos acuminados, serrilhados. Flores pequenas, amareladas, em umbelas que se dispõem corimbosamente em panículas terminais. Fruto ovoide.

Informações sobre a utilização: O esmagado (Varta) é preparado a partir de frutos verdes cozidos.

Trichosanthes bracteata (Lamk.) Voigt. (Cucurbitaceae)

Nome vernáculo: Makal.

Nome Khumi: Choim-chapray

Nome inglês: Unknown

Trepadeira de grande porte. Gavinhas com 2 ou mais, geralmente com 3 fendas. Folhas geralmente palmadas com 3-5 lóbulos até cerca do meio, base cordada. Flores masculinas em racemos axilares com 5-10 flores. Pétalas em forma de cunha, franjadas, ultrapassando os dentes do cálice. Flores femininas axilares, solitárias. Fruto globoso, vermelho quando maduro, estriado com 10 estrias cor de laranja.

Informações de utilização: A pasta preparada a partir da raiz é aplicada na área afetada para remediar a dor. O extrato de raiz é tomado três vezes por dia até ficar curado para o tratamento de dores no corpo.

Trichosanthes cucumerina L. (Cucurbitaceae)
Nome vernáculo: Chichinga
Nome Khumi: Koitha
Nome inglês: Snake Gourd.

Trepadeira considerável. Gavinha 2-3 fid. Folhas orbicular-reniformes ou largamente ovadas, mais ou menos profundamente 5-lobadas. Flor solitária e branca. Os frutos jovens são verdes com riscas brancas.

Informações de utilização: Os frutos verdes são cozinhados como legumes. Além disso, as sementes são fritas e consumidas.

Trichosanthes dioica Roxb. (Cucurbitaceae)

Designação vernácula: Potol.

Nome Khumi: Koithach

Nome inglês: Pointed Gourd

Trepadeira bastante extensa; gavinhas 2-4 fid. Folhas ovado-oblongas, cordadas, agudas, ásperas em ambas as superfícies. Flores dióicas; as masculinas não são racemosas, lanosas no exterior. Fruto oblongo ou quase esférico, agudo, liso, vermelho alaranjado quando maduro.

Informações de utilização: As frutas são cozinhadas como legumes e também fritas.

Urginea indica Kunth. (Liliaceae)

Nome vernáculo: Ban Piaj

Nome Khumi: Owameya

Designação inglesa: Sea Onion

Erva bulbosa; com bolbos truncados, ovóides. Folhas radicais, aparecendo depois das flores, lineares, agudas. Escapo ereto. Flores pequenas, castanho-escuras, muito distantes, em racemos delgados e pouco floridos. Cápsulas elipsoides, afiladas nas duas extremidades.

Informações sobre a utilização: O extrato preparado a partir do bolbo é aplicado na zona queimada para arrefecer e curar.

Vanda tessellata (Roxb.) Hook. *ex* G. Don. (Orchidaceae)

Nome vernáculo: Rasna

Nome Khumi: Deli

Nome inglês: Common Orchid

Perene epífita, robusta, escandente pelas raízes aéreas robustas, simples ou ramificadas. Folhas suculentas, longas, lineares. Flores em racemos de 6-10 flores. Sépalas amarelas, tesseladas com linhas castanhas e com margens brancas. Pétalas amarelas com linhas castanhas e margens brancas, mais curtas do que as sépalas. Labelo azulado, pontilhado de púrpura. Cápsulas estreitamente clavado-oblongas com nervuras agudas.

Informações de utilização: A pasta preparada a partir da raiz é aplicada na área afetada para o tratamento do reumatismo.

Vernonia patula (Dryand.) Merr. (Asteraceae)

Designação vernácula: Kukshim

Nome Khumi: Proydoy-kamnnuch

Nome inglês: Purple Fleabane

Erva daninha anual, erecta; caule rígido, estriado, ligeiramente ramificado. Folhas (as folhas superiores são as mais pequenas), de forma variável, amplamente elípticas ou lanceoladas, obtusas ou agudas, irregularmente dentadas ou pouco crenadas-serrilhadas. Flores de cor violeta-rosada.

Informações de utilização: Atar sete pedaços (de 1/2 polegada cada) de caule com um fio à volta do pescoço ou da mão para o tratamento da febre. A pasta preparada a partir das folhas é aplicada na testa para o remédio da dor de cabeça.

Vigna sinensis Endl. & Hask. (Fabaceae)
Designação vernácula: Barbati
Nome da Khumi: Siro
Designação inglesa: Chinese Bean

Espécie delgada. Folhas pinadas 3-folioladas; folíolos inteiros, ampla ou estreitamente ovados, os laterais oblíquos. Flores escassas, amarelas ou avermelhadas, em racemos subcapitados; o pedúnculo ultrapassa frequentemente as folhas. Vagem linear, cilíndrica, ligeiramente deprimida entre as sementes.

Informações de utilização: A folha cozida é consumida como vegetal. As sementes fritas são consumidas e a vagem cozinhada como vegetal.

Vitex peduncularis Wall. (Verbenaceae)

Nome vernáculo: Boruna

Nome Khumi: Paking

Nome inglês: Unknown

Árvore de folha caduca de tamanho médio a grande. Folhas 3-foliadas, raramente 4, folíolos lanceolados ou estreitamente elípticos, inteiros, longamente acuminados, base cuneiforme. Flores amareladas, em cimas axilares com muitas flores, paniculadas, com pedúnculos longos. Fruto drupa, globular, do tamanho de um pimento preto, preto quando maduro.

Informações sobre a utilização: As plantas são utilizadas como madeira.

Woodfordia fruticosa (L.) Kurz. (Lythraceae)

Designação vernácula: Dhatriphul

Nome Khumi: Japa-deli

Nome inglês: Fire-flame Bush

Arbusto frondoso; ramos longos, espalhados. Folhas opostas ou subopostas, sésseis, ovado-lanceoladas, agudas. Flores tubulares, vermelho vivo, numerosas, em cimas curtas de 2-15 flores, nas axilas das folhas anteriores e menos frequentemente das folhas actuais.

Informações de utilização: Plantada como ornamental.

Xanthium strumarium L (Asteraceae)

Nome vernáculo: Ghagra

Nome Khumi: Wepu

Nome inglês: Cocklebur

Erva erecta. Folhas alternas, largamente ovadas a cordadas. Cabeças masculinas globosas, floretes numerosos, verde-esbranquiçados.

Informações de utilização: As folhas com rebentos jovens são cozinhadas como legumes.

Zea mays L. (Poaceae)

Designação vernácula: Bhootta.

Nome Khumi: Metit

Nome inglês: Maize

Erva anual alta com folhas grandes, lineares e oblongas. As inflorescências femininas (espigas) aparecem nas axilas das folhas inferiores, firmemente envolvidas por grandes brácteas membranosas. Inflorescência masculina em racemos terminais em forma de espiga, em panículas, com espiguetas de 2 nados. Grão grande, subgloboso, rodeado pelas glumas secas.

Informações de utilização: Comem-se cereais torrados.

Zingiber montanum (Koenig) Dietrich. (Zingiberaceae)

Designação vernácula: Bonada

Nome da Khumi: Asoyee

Nome inglês: Unknown

Erva rizomatosa, caule folhoso. Rizoma amarelo no interior, fortemente aromático. Folhas lanceoladas, sésseis, pubescentes. Escapo radical, espigas castanho-púrpura, ovadas a oblongas no pedúnculo. Corola amarelo-pálido. Labelo trilobado, amarelo pálido, lobo médio suborbicular, bífido.

Informações sobre a utilização: O rizoma é utilizado para dar nome aos bebés recém-nascidos. Depois de darem o nome, deitam fora dois rizomas, se ambos apresentarem partes brancas, rejeitam o nome. Por outro lado, se as duas partes forem de cores diferentes, mantêm o nome.

Zingiber officinale Rosa. (Zingiberaceae)

Nome vernáculo: Ada

Nome Khumi: Kiching

Nome inglês: Ginger

Erva rizomatosa, com caule frondoso de cerca de um metro de altura. Rizoma aromático, amarelo por dentro e com sabor picante. Folhas estreitas, disticuladas, sésseis, linear-lanceoladas, longamente acuminadas. Inflorescência radical. Lóbulos do tubo da corola amarelo-creme. Labelo obovado, preto arroxeado, com manchas amarelo-creme.

Informações sobre a utilização: O rizoma é utilizado como especiaria. As folhas são utilizadas como aditivos no caril, tal como a folha de louro.

Zizyphus mauritiana Lamk. (Rhamnaceae)

Nome vernáculo: Boroi.

Nome Khumi: Klu

Nome inglês: Jujube Fruit

Árvore de folha caduca a semi-perene, de pequeno a médio porte, com copa arredondada e extensa; ramos caídos, armados de espinhos estipulares. Folhas muito variáveis, geralmente orbiculares. Flores pequenas, amarelo-esverdeadas, em cimas axilares curtas ou quase sésseis. Fruto uma drupa.

Informações de utilização: O extrato preparado a partir da casca é tomado como solução salina para o tratamento da diarreia. Os frutos verdes e maduros são consumidos. A madeira é utilizada como combustível e para preparar mobiliário e materiais domésticos.

Fotografia de algumas plantas medicinais, alimentos, artigos para o lar e artesanato.

Abroma augusta

Abelmoschus moschatus

Acácia farnesiana

Acorus calamus

Alpinia conchigera

Aloé barbadensis

Anogeissus acuminata

Anthocephalus chinensis

Argemone maxicana

Asclepias curassavica

Bauhinia acuminita

Bauhinia purpurea

Bixa orellana ***Boesenbergia longiflora***

Buddleja neemda ***Buettneria pilosa***

Callicarpa tomentosa ***Calophyllum inophyllum***

Cassia alata

Chukrasia valutina

Cuscuta reflexa

Dioscorea bulbifera

Dysophylla auricularia

Embelia ribes

Feronia limonia

Flacourtia jangomas

Gloriosa superba

Gmelina arborea

Gomphrena globosa

Grangea maderespatana

Gymnopetalum cochinchinense

Impatiens balsamina

Jatropha gossypifolia

Kaempferia galanga

Laportea crenulata

Lasia spinosa

Manihot esculenta

Merremia vitifolia

Mesua nagessarium

Mitragyna parvifolia

Molineria capitulata

Mollugo pentaphylla

Murraya koenigii

Mussaenda glabrata

Passiflora foetida

Helminthostachys zeylanica

Plumeria rubra

Premna esculenta

Rauvolfia serpentina

Sarcochlamys pulcherrima

Setaria italica

Smilax zeylanica

Stephania japonica

Tabernaemontana divaricata

Tacca integrifolia

Thevetia peruviana

Thunbergia grandiflora

Trichosanthes bracteata

Urginea indica

Vanda tessellata

Coix lachryma - jobi

Dalbergia volubilis

Gardenia coronaria

Etlingera linguiformis

Commelina diffusa

Dendrophthoe falcata

Costus speciosus

Crassocephalum crepidioides

Hibisco sabdariffa

Lageneria siceraria

Nicotiana tabacum

Amorphophallus bulbifer

Woodfordia fruticosa

Zingiber montanum

Sa-e

Beowha

Saowang

Tingtabeow

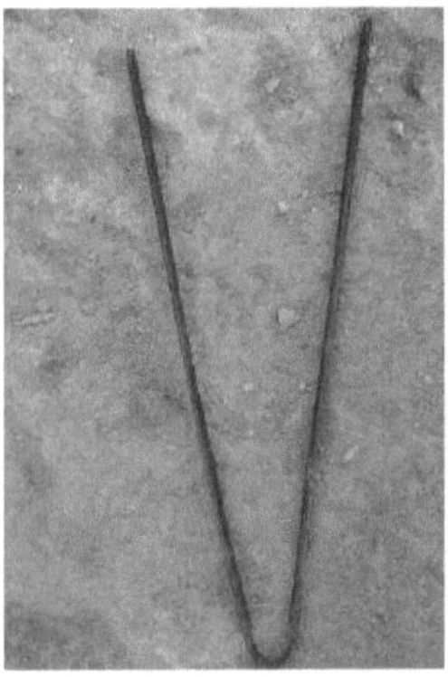

Tangki

Tarai

Neow kajeng & Ang kajeng

Pahu aprong

Cha pai

CAPÍTULO 6: RESULTADOS E DISCUSSÃO

6.1 Resultados

O conhecimento etnobotânico da comunidade Khumi passa de geração em geração desde a sua origem. Este conhecimento sobre a utilização de plantas torna-os conscientes e a natureza ensina-os a sobreviver no ambiente migratório em mutação. Herdaram a informação sobre a utilização tradicional das plantas da geração anterior e enriqueceram os seus conhecimentos no domínio da etnobotânica para fins alimentares, medicinais, corantes, madeira e outros. Têm uma longa tradição no tratamento de doenças e enfermidades através da utilização de plantas medicinais. A partir da presente documentação da comunidade Khumi (Anexo-2), verifica-se que utilizam um grande número de plantas como medicinais (33,462%), vegetais (22,692%), frutos (11,923%), ornamentais (5,769%), corantes (1,154%), aditivos (3,077%), madeira (4,231%) e (17,692%) para outras utilizações, respetivamente (Quadro-2; Fig. 3).

Quadro 2: Percentagem de utilizações em função do número de espécies.

Utilizações	Número de espécies	% de espécies
Medicinal	87	33.462
Fruta	31	11.923
Vegetais	59	22.692
Ornamental	15	5.769
Tinta	3	1.154
Aditivo	8	3.077
Madeira	11	4.231
Outras utilizações	46	17.692
Total	260	100

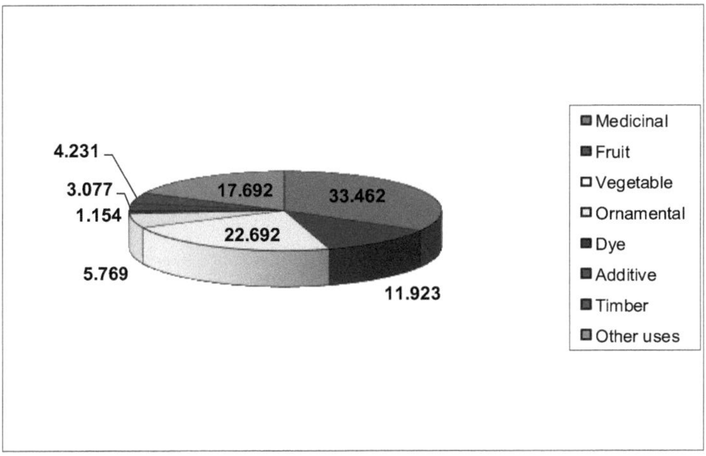

Fig. 3: Percentagem da informação total utilizada para fins medicinais, hortícolas, frutícolas, ornamentais, corantes, aditivos, madeira e outros.

A comunidade Khumi utilizava um grupo diversificado de plantas para o tratamento de várias doenças, frutos, vegetais, ornamentais e outros usos. Foi documentado um total de 204 espécies de 76 famílias (Anexo I). Destas, as famílias mais utilizadas em termos de número de espécies são Asteraceae e Cucurbitaceae (5,882%) para fins medicinais, hortícolas, frutícolas, ornamentais, corantes, aditivos, madeira e outras utilizações. Do mesmo modo, algumas outras famílias são Poaceae, Rubiaceae, Solanaceae, Zingiberaceae, Fabaceae, Caesalpiniaceae, Euphorbiaceae e Verbenaceae (Fig. 4). Um resumo das plantas mais utilizadas ao longo das famílias é apresentado no Quadro 3.

Tabela -3: Famílias com número de espécies e percentagem de espécies.

Família	Número de espécies	% de espécies
Asteraceae	12	5.882
Cucurbitáceas	12	5.882
Poaceae	8	3.922
Rubiáceas	8	3.922
Solanáceas	8	3.922
Zingiberaceae	8	3.922
Fabáceas	7	3.431
Caesalpiniaceae	6	2.941
Euphorbiaceae	6	2.941
Verbenáceas	6	2.941

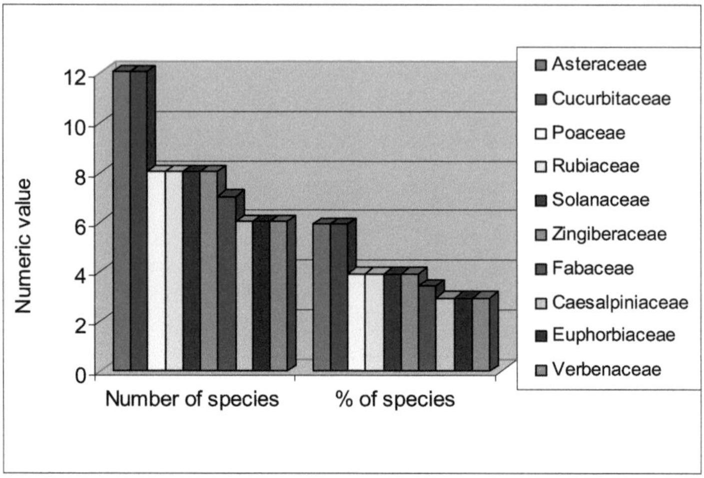

Fig. 4: Mostra o número de espécies e a percentagem de espécies nas famílias mais utilizadas.

Foram entrevistados trinta informadores para a documentação. Os nomes dos informadores e o número de informações são apresentados no Quadro 4.

Quadro 4: Número de informações sobre plantas recolhidas junto dos informadores.

Sl. N.	Nome dos informadores	Sexo	Número de informações registadas para várias utilizações.
1.	Lonang khumi	M	23
2.	Loring khumi	M	4
3.	Aeowhoy khumi	F	3
4.	Sangleye khumi	F	4
5.	Kithung khumi	M	17
6.	Liong khumi	F	8
7.	Kyhoy khumi	M	7
8.	Beowla khumi	F	8
9.	Aeowpa khumi	F	6
10.	Langsy khumi	M	7
11.	Suiney khumi	M	6
12.	Reowling khumi	M	8
13.	Nangsoy khumi	M	4
14.	Aeownoy khumi	F	5
15.	Nangthang khumi	M	6
16.	Lushai khumi	M	5
17.	Kopa khumi	F	6

Sl. N.	Nome dos informadores	Sexo	Número de informações registadas para várias utilizações.
18.	Sangking karbari	M	6
19.	Rui em khumi	F	5
20.	Lingpa khumi	F	5
21.	Kynang khumi	F	4
22.	Nanglong khumi	M	4
23.	Pré na khumi	F	7
24.	Losoy khumi	F	7
25.	Linghoy khumi	F	7
26.	Konang khumi	M	5
27.	Kenong khumi	M	17
28.	Lalthong khumi	M	5
29.	Shiang khumi	M	3
30.	Linglang khumi	M	2

Destes, 57% são informadores do sexo masculino e 43% do sexo feminino. A percentagem de informadores do sexo masculino é superior à do sexo feminino (Fig. 5).

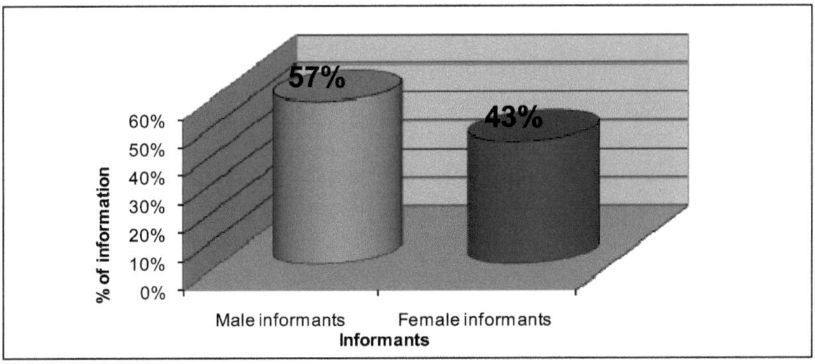

Fig. 5: Percentagem de informação registada pelos informadores masculinos e femininos.

Os informadores do presente estudo têm idades compreendidas entre os 21 e os 70 anos. A idade dos informadores foi dividida em cinco grupos diferentes: 21-30, 31-40, 41-50, 51-60, 61-70. O número de informadores em cada grupo etário é apresentado no Quadro 5; Fig. 6.

Tabela-5: Faixa etária com número de informantes.

Grupo etário	Número de informadores
21-30	13
31-40	2
41-50	9
51-60	5
61-70	1

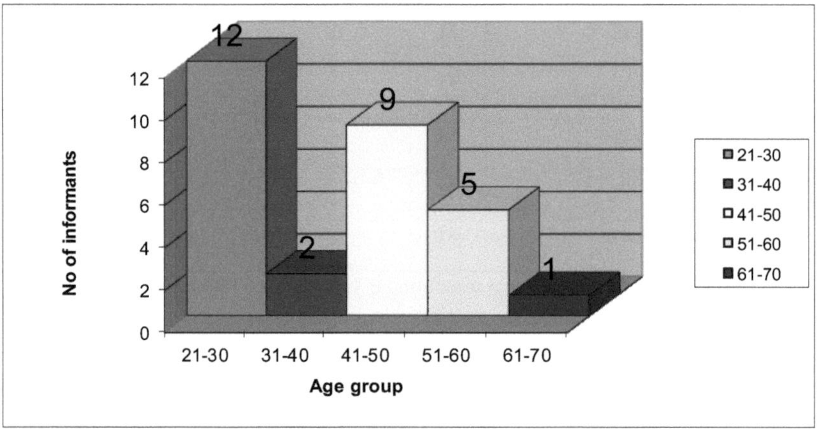

Fig. 6: Mostra o número de informantes em cada faixa etária.

Foi documentado um total de 204 espécies de plantas utilizadas pela comunidade Khumi (Anexo 1). De acordo com a forma de vida dos dados documentados, as ervas foram as mais frequentemente utilizadas. Árvore, trepadeira, arbusto, epífita e feto foram usados respetivamente de acordo com o número de espécies (Tabela 6; Fig. 7).

Tabela -6: Forma de vida com número de espécies e percentagem de espécies.

Forma de vida	Número de espécies	% de espécies
Ervas	80	39.216
Arbusto	35	17.157
Árvore	52	25.49
Alpinista	37	18.137
Total	204	100

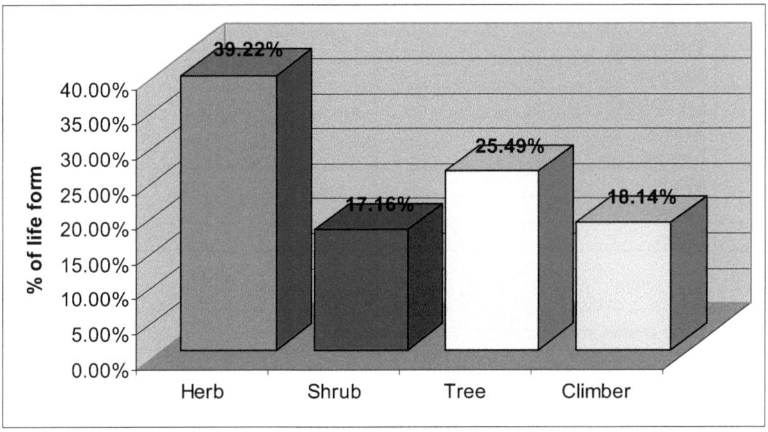

Fig. 7: Percentagem de formas de vida utilizadas pela comunidade Khumi.

A partir dos dados documentados, verificou-se que a comunidade Khumi utilizava as folhas, os frutos, as flores, os rebentos/caules, o rizoma e os tubérculos da planta como fonte de alimento, abrigo, corante e medicamento. Destas, as folhas são utilizadas com mais frequência, seguidas dos frutos, caule, planta inteira, raiz, semente e flores (Quadro 7; Fig. 8).

Tabela-7: Número de espécies de plantas de acordo com as partes utilizadas pela comunidade Khumi.

Sl. N.	Partes de plantas	Número de espécies utilizadas
1	Folha	75
2	Fruta	45
3	Rebentos e caule	36
4	Planta inteira	23
5	Raiz	20
6	Sementes e grãos	23
7	Flor	11
8	Casca	10
9	Tubérculo	10
10	Rizoma	4
11	Lâmpada	3
12	Verme	2
13	Espiga	2
14	Medula	1
15	Fronde	1
16	Látex	1

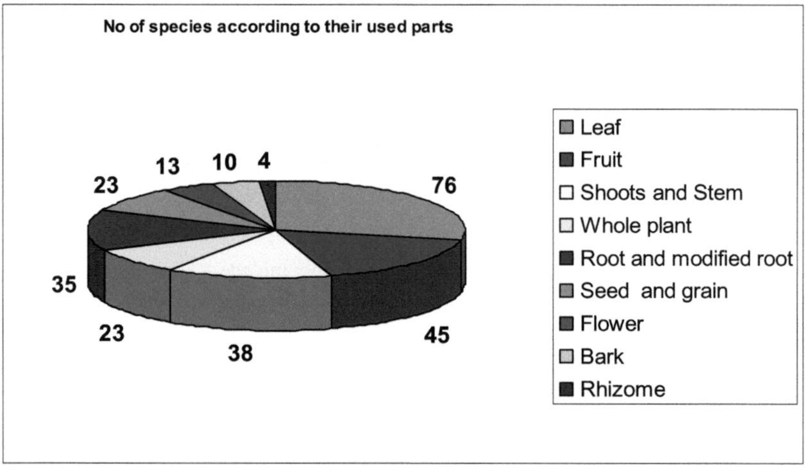

Fig. 8: Mostra o número de espécies de plantas de acordo com as suas partes utilizadas.

Foram apresentadas as utilizações da percentagem das partes aéreas e das partes subterrâneas. A folha, o fruto, o rebento, o caule, a semente, o grão, a flor, a casca, a espiga, a medula do caule, a fronde e o látex do caule referem-se às partes aéreas e o cormo, o bolbo, o rizoma, o tubérculo e as raízes referem-se às partes subterrâneas.

Quadro 8: Peças utilizadas e percentagem de utilizações.

Peças utilizadas	% de utilizações
Peças aéreas	76.780
Partes subterrâneas	14.601
Planta inteira	8.614

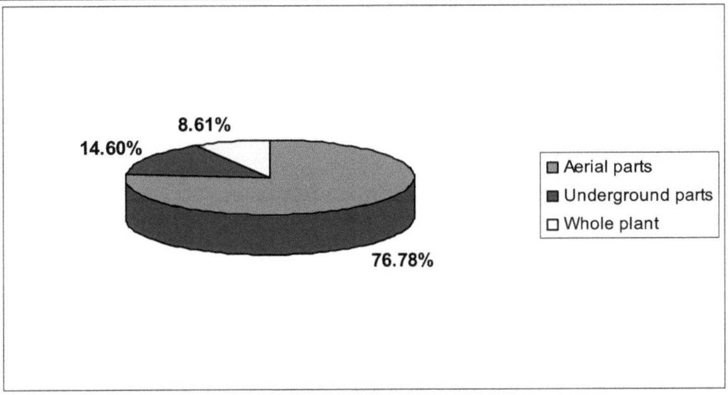

Fig. 9: Percentagem de utilizações de acordo com as peças utilizadas.

A planta inteira, a raiz, o tubérculo e o rizoma são a forma destrutiva de utilizar as plantas porque é necessário destruir/enraizar a planta inteira. Mas a folha, o caule do fruto, a casca, a flor e as partes aéreas podem ser utilizadas sem destruir a planta inteira. Assim, utilizar as partes da planta sem destruir a planta inteira é uma forma significativa de as conservar. A percentagem de plantas não destrutivas utilizadas é de 78% e de destrutivas é de 22% (Fig. 10).

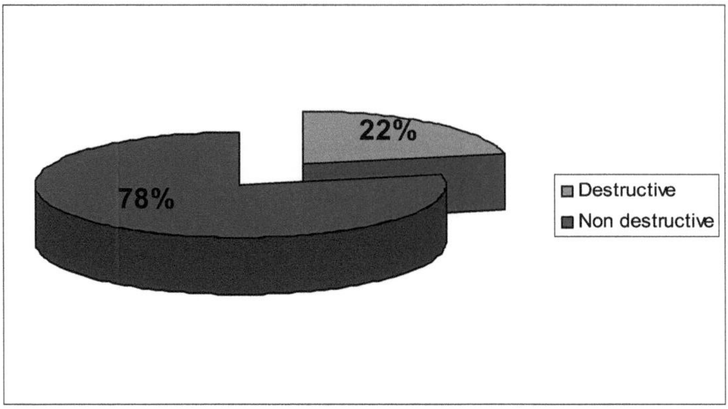

Fig. 10: Plantas destrutivas e não destrutivas utilizadas pela comunidade Khumi.

A comunidade Khumi tem conhecimento de tratamentos à base de plantas para uma vasta gama de doenças/enfermidades. No presente estudo, foram registadas cerca de 42 doenças/enfermidades que foram tratadas por 86 espécies de plantas. As doenças mais amplamente tratadas são distúrbios estomacais, febre, dor, hemorragia, doenças de pele, iterícia, reumatismo e asma. As doenças frequentemente tratadas por diferentes espécies de plantas são mostradas no Quadro-9; Fig. 11.1, 11.2, 11.3, 11.4, 11.5, 11.6

Quadro-9: Várias doenças com o número de espécies.

Doenças diversas	Número de espécies
Hemorragia	6
Diarreia	6
Gastrite	3
Dor de cabeça	4
Doença ocular	2
Dor	7
Prisão de ventre	3
Fraqueza geral	1
Febre	10
Furúnculos	3
Calvície	1
Sarna	2
Ferida na língua	2
Disenteria	3
Picada de cobra	2
Eczema	2
Vómitos	1
Hidrofobia	1

Doenças diversas	Número de espécies
Icterícia	5
Asma	4
Reumatismo	5
Ferida nos lábios	1
Queimadura	3
Inchaço	1
Paralisia	1
Indigestão	3
Mordedura de cão	2
Varicela	1
Abortivo	1
Cura de doenças	1
Verme intestinal	3
Tensão arterial elevada	2
Estacas	2
Menstruação excessiva	1
Dor de dentes	5
Perturbação do estômago	1
Purificador de sangue	4
Picada de inseto	1
Fratura óssea	2
Contracetivo	1
Piorreia	1
Flatulência	2

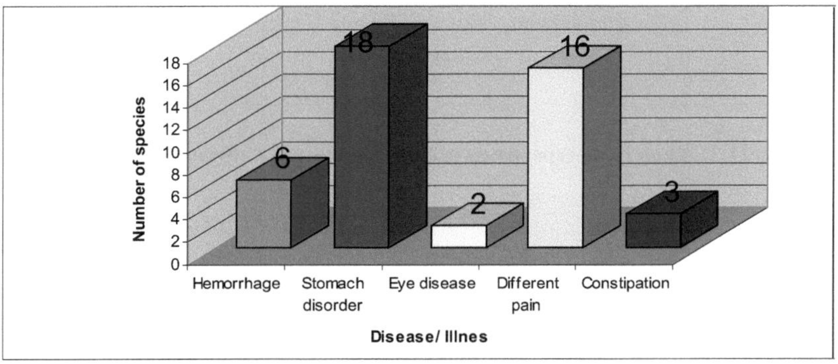

Fig. 11.1: Número de espécies de plantas usadas para várias doenças.

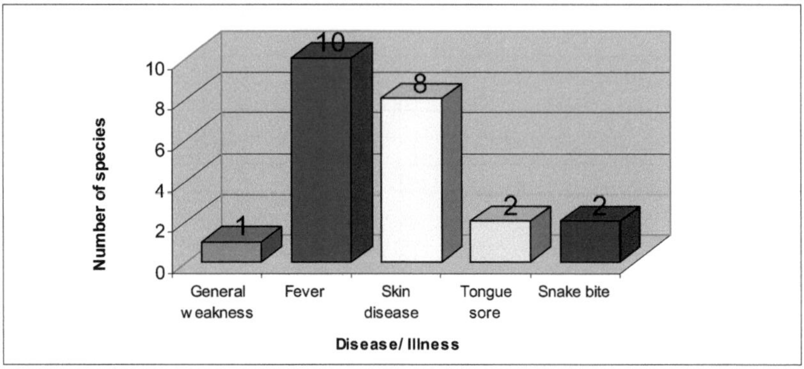

Fig. 11.2: Número de espécies de plantas utilizadas para várias doenças.

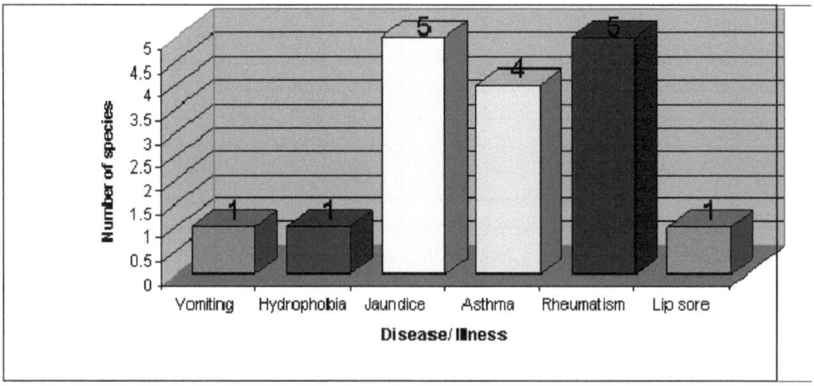

Fig. 11.3: Número de espécies de plantas usadas para várias doenças.

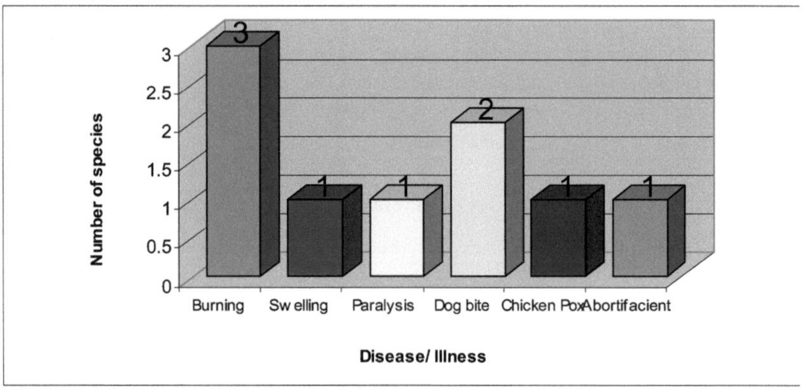

11.4: Número de espécies de plantas usadas para várias doenças.

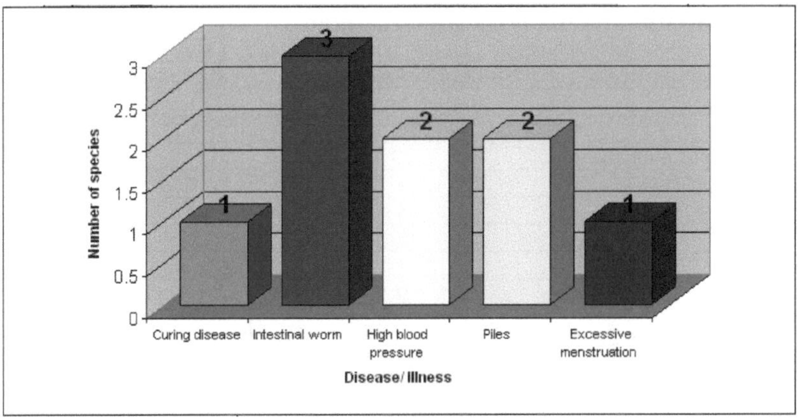

Fig. 11.5: Número de espécies de plantas usadas para várias doenças.

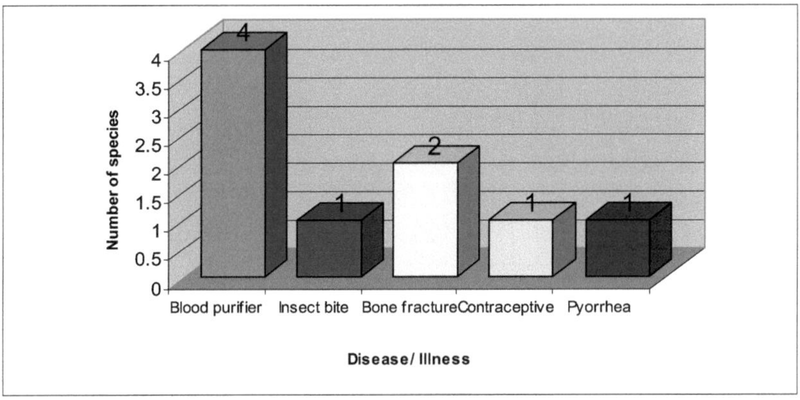

Fig. 11.6: Número de espécies de plantas usadas para várias doenças.

Os modos de preparação mais frequentemente citados são o extrato, a pasta, o sumo, a infusão e a pomada, o xarope, o pó e a decocção também usados ocasionalmente (Quadro 10; Fig. 12).

Quadro-10: Modo de preparação das plantas medicinais.

Modo de preparação	Número de informações	Percentagem de informação
Colar	25	25.510
Extrato	27	27.551
Partes de plantas diretamente	19	19.388
Infusão	5	5.102
Sumo	8	8.163
Pomada	2	2.041
Xarope	1	1.020
Partes de plantas transformadas	9	9.184
Pó	1	1.020
Decocção	1	1.020
Total	98	99.999

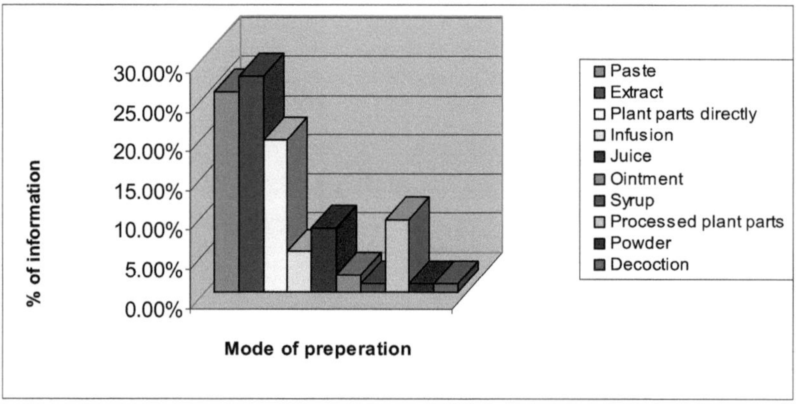

Fig. 12: Percentagem de informações com base no modo de preparação.

A presente investigação revelou que têm sido utilizados seis métodos de aplicação na medicina. O número máximo de aplicações é administrado por via oral ou denominado aplicação interna. Os medicamentos indicados para serem administrados por via oral incluíam os que se dizia serem utilizados principalmente para a disenteria, a diarreia, a asma, os vómitos e a flatulência. O número total de informações de aplicação é apresentado no Quadro 11.

Tabela-11: Método de aplicação do medicamento.

Modo de aplicação	Número de informações	Percentagem de informação
Aplicação local	25	32.051
Inalação	2	2.564
Administrado por via oral	48	61.539
Fomentação	2	2.564
Banho de ervas	1	1.282
Total	78	100

A aplicação local e a outra aplicação externa podem ser consideradas como aplicações externas. Assim, as duas principais aplicações são (i) aplicação interna e (ii) aplicação externa e a sua percentagem de utilização é apresentada na Fig. 13.

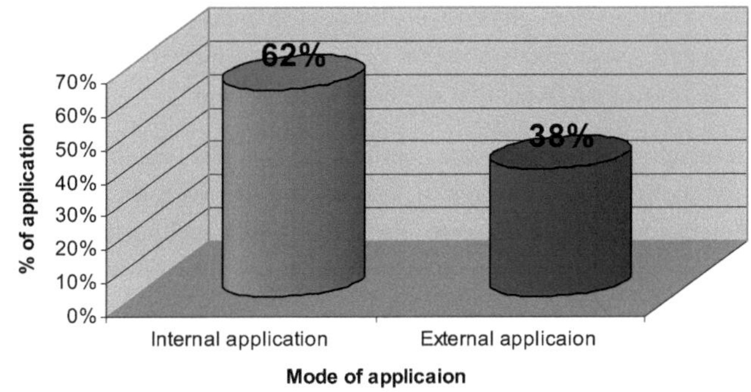

Fig. 13: Percentagem do modo de aplicação.

6.2 Discussão

O conhecimento tradicional sobre a utilização de plantas reside nas comunidades rurais e tribais, uma vez que estas vivem em estreito contacto com a natureza. Possuem vastos conhecimentos em matéria de fitoterapia, alimentação e plantas relacionadas com a sua cultura, que passam de geração em geração. A falta de documentação correta destes conhecimentos pode fazer com que desapareçam.

No presente estudo, 33,463% da informação foi reportada para os remédios de 47 doenças e 22,568% de vegetais, 11,284% de frutos, 5,837% de ornamentais, 1,167% de corantes, 3,502% de aditivos, 4,28% de madeiras e 17,899% para outros usos, respetivamente, o que indica que a maioria das pessoas continua a usar os sistemas tradicionais de cuidados de saúde, incluindo plantas medicinais isoladamente ou em combinação com produtos farmacêuticos modernos. Esta dependência contínua de muitas pessoas do nosso país em relação aos medicamentos tradicionais deve-se em parte às circunstâncias económicas, que colocam as instalações, serviços e produtos farmacêuticos modernos de saúde fora do alcance da maioria da população. No entanto, em muitos casos, também é atribuível à crença generalizada na eficácia de muitas terapias tradicionais. Muitas pessoas continuam a preferir os tratamentos tradicionais para tratar muitas doenças .

Foi selecionado um número total de 30 informadores da tribo em estudo (Quadro -3). Destes, 57% são informadores do sexo masculino e 43% do sexo feminino. Os informadores com menos de 30 anos forneceram várias informações sobre a utilização de plantas e a maioria das informações foi documentada pelos informadores do sexo masculino. Considera-se que são muito prestáveis no fornecimento de informações e estão dispostos a seguir a sua tradição. Com o contacto com o exterior e a educação, a geração jovem tornou-se mais generosa no fornecimento de informações. Esta investigação revelou que ainda hoje praticam a medicina herbal.

A comunidade Khumi utilizava um grupo diversificado de plantas para o tratamento de várias doenças, frutos, vegetais, ornamentais e outros usos. Foi documentado um número total de 204 espécies em 174 géneros de 76 famílias da comunidade Khumi.

Analisando os resultados acima referidos, verifica-se que dez famílias de plantas são frequentemente utilizadas de acordo com o seu número de espécies. As famílias mais utilizadas são Asteraceae e Cucurbitaceae para fins medicinais, hortícolas, frutícolas, ornamentais, corantes, aditivos, madeira e outras utilizações. Do mesmo modo, Poaceae, Rubiaceae, Solanaceae, Zingiberaceae, Fabaceae, Caesalpiniaceae, Euphorbiaceae, Verbenaceae foram utilizadas respetivamente.

A partir da diversidade de formas de vida, verifica-se que as ervas, as árvores e as trepadeiras são mais frequentemente utilizadas pela comunidade Khumi para fins medicinais e outros fins do que os arbustos. Os subarbustos, os parasitas e as epífitas também são utilizados ocasionalmente.

Partes de plantas como folha, fruto, rebento, caule, raiz, semente, grão, flor, casca, rizoma, tubérculo, cormo e planta inteira são utilizadas pela comunidade Khumi. Ao analisar os dados etnobotânicos do presente estudo, observa-se que a comunidade Khumi é conservadora na utilização das plantas e tem conhecimentos sobre a utilização sustentável das plantas. Porque a parte da planta mais frequentemente utilizada é a folha, o fruto, o rebento, o caule e a flor, que são uma forma de utilização não destrutiva.

No presente estudo, foram registadas cerca de 42 doenças/enfermidades que foram tratadas por 86 espécies de plantas medicinais. As doenças mais frequentemente tratadas são dor, hemorragia, diarreia, iterícia, reumatismo, asma, gastrite, furúnculos, disenteria, diarreia, tensão arterial elevada, menstruação excessiva, hemorróidas, doenças de pele e fraqueza geral. A evidência de diferentes literaturas mostra que o tratamento com ervas é eficaz contra doenças de pele, diarreia, fraqueza geral, queimaduras, dores de cabeça, problemas menstruais, febre e trato gastrointestinal (Coe e Anderson, 1996).

Os modos de preparação mais frequentemente citados foram o extrato, a pasta, o sumo e a infusão, respetivamente. Uma elevada proporção de tratamentos envolve a aplicação interna do modo de aplicação

6.3 Recomendações para investigação futura

A cada dia que passa, perdem a sua gloriosa herança anterior de conhecimentos sobre a utilização de plantas, devido à falta de documentação adequada, e a geração atual está menos interessada em continuá-la. A geração mais jovem, em especial, tende a ser mais aberta aos centros de saúde ou aos médicos do que os seus pais, e não sabe como preparar ou tratar as doenças/doenças. A geração atual perdeu o interesse em continuar a profissão dos seus pais porque esta não lhes dá apoio financeiro adequado para a sua subsistência. A maior parte deles modernizou-se e tornou-se dependente da medicina sintética. Os recursos vegetais tornam-se menos disponíveis para satisfazer as suas necessidades actuais devido à desflorestação e à destruição do habitat das plantas por diferentes actividades antropogénicas. Se esta situação se mantiver, os seus conhecimentos tradicionais sobre a utilização de plantas, nomeadamente sobre a utilização de plantas medicinais, estão ameaçados e podem desaparecer rapidamente. Agora, é extremamente necessário documentar as informações sobre a utilização das plantas para as proteger do desaparecimento e reavivar o seu glorioso património vegetal.

1. A comunidade Khumi tem os seus próprios conhecimentos culturais sobre a utilização de plantas. É necessária uma investigação mais aprofundada antes de fazer desaparecer os seus conhecimentos.

2. A geração jovem da comunidade tem de ser encorajada a documentar e a conservar os conhecimentos tradicionais sobre a utilização das plantas e a sensibilizá-la para o valor desta informação.

3. A investigação farmacológica deve ser efectuada para justificar a sua utilização e para procurar novos medicamentos.

4. O estudo antimicrobiano das plantas medicinais é necessário para a procura de novos antibióticos.

5. É necessário dar-lhes a conhecer as plantas mais frequentemente utilizadas e sensibilizá-los para a conservação das plantas. As plantas mais utilizadas devem ser objeto de um programa de conservação.

REFERÊNCIAS

Alam, M. K. 1982. Guia de dezoito espécies de bambu do Bangladesh. *Plant Taxonomy Series. Bulletin 2.* Bangladesh Forest Research Institute, Bangladesh, Chittagong.

Alam, M. K. 1992. Etnobotânica medicinal da tribo Marma do Bangladesh. *Econ. Bot.* **46(3)**: 330-335.

Alam, M. K. 1998. Documentação de informação etnobiológica. In: Banik, R. L., lam, M. K., S. J. Pel, & A. Rastogi (eds.), Applied Ethnobotany. Actas do Workshop de Formação Sub-regional sobre Etnobotânica Aplicada. BFRI, Bangladesh, Chittagong. pp. 28-29.

Alam, M. K., Chowdhury J. U. e Hasan, M. A. 1996. Some folk formularies from Bangladesh. *Bang. J. of Life Scie.* **81(1)**: 49-69.

Alcorn, J. B. 1995. Huastec Mayan Ethnobotany. Texas of University Press, Austin.

Alexiades, M. N. 1996. Protocolo para a realização de investigação etnobotânica nos trópicos. In: Alexiades, M. N. & J. W. Sheldon (eds.) Selected Guidelines for Ethnobotanical Research: A Field Manual. The New York Botanical Garden, Nova Iorque, Bronx.

Anisuzzaman, M., Rahman, A. H. M. M., Harun-Or-Rashid, M., Naderuzzaman A. T. M. e Islam, A. K. M. R. 2007. An Ethnobotanical Study of Madhupur, Tangail. *J. of Appl. Scie. Res.*, INSInet Publication **3(7):** 519-530

Baker, M. e Momen, S. N. 2001. Tangailer Upajati Garo Sampraday: Jibon O Sankskrity, In: baker, M. (ed.). Tangail Jellar Itihash O Oitijjha. Bangladesh, Tangail. pp: 260-267.

Bakshi, 1984. Flora do distrito de Murshidabad. ngalWest Be. Índia.

Balick, M. J. 1994. Ethnobotany, drug development and biodiversity conservation exploring the links. Ethnobotany and the Search for New Drugs. John Wiley & Sons Ltd., Chichester.

Banglapedia. 2004 (1st ed.). Sociedade Asiática do Bangladesh.

Banglapedia. 2006 (2nd ed.). Sociedade Asiática do Bangladesh.

Barrows, D. 1931. Alimentos pré-históricos de Pueblo. Arizona of Museum Notes **4:** 1-4.

Begum, N., Haq, M. F. e Naher, K. 2000. Medicinal Plants for the survival of rural People (Plantas medicinais para a sobrevivência da população rural). 97-106 In: Sillitoe. P. (Editor). Indigenous Knowledge Development in Bangladesh-Present and Future. The University Press Limited. Dhaka.

Begum, R. e Rashid, H. 1999. Medicinal Plants and its Cultivation (Plantas Medicinais e seu Cultivo). Divisão de Produtos Florestais Menores, Instituto de Investigação Florestal do

Bangladesh. Chittagong.

Bell, W. H. & Castetter, E. F. 1937. The Utilisation of Mesquite and Screwbean by the Aborigines in the American Southwest. New Mexico of University Belletin No. 314. Imprensa da Universidade do Novo México, Albuquerque.

Berlim, B. 1992. Classificação etnobiológica: Principles and categorization of plants and animals in traditional societies. Princeton versityUni Press, New Jersey, Princeton.

Berlin, B., Breedlove, D. E. & Raven, P. H. 1973. Princípios gerais de classificação e nomenclatura em biologia popular. *Amer. Anthrop.* **75:** 214-242.

Boom, B. 1978. Ethnobotany of the Chacobo Indians. Avanços em Botânica Económica 4. Avanços em Botânica Económica. Jardim Botânico de Nova Iorque, Nova Iorque, Bronx

Burch, S. E. & Ellanna, L. J. 1994. Introdução. In: Burch, E. S. & L. J. Ellanna (eds Key Issues in Hunter-Gatherer Research. Berg Publishers Inc., Oxford, pp. 1-8.

Bye, R. A. & Linares, E. 1983. O papel das plantas encontradas nos mercados mexicanos e sua importância nos estudos etno-botânicos. *J. Ethnoboil.* **3(1):** 1-13.

Bye, R. A. 1986. Plantas medicinais da Sierra Madre: Estudo comparativo das plantas Tarahumara e do mercado mexicano. *Econ. Bot.* **40:** 103-124.

Castetter, E. F. & Bell, W. H. 1951. Yuman Indian Agriculture. Imprensa da Universidade do Novo México, Albuquerque.

Castetter, E. F. 1944. O domínio da etnobiologia. *Amer. Nat.* 78:158-170.

Chakma, G. B. 1993a. Local Government Parishad of the Hill Tracts in Historical Prospect (em bengali). Instituto Cultural Tribal, Bangladesh, Rangamati.

Chakma, S. 1992. Chakma Parichiti. Bangang Publication, Rangamati, Bangladesh.

Chakma, S. 1993b. Parbattya Chattagramer Upajati O Sanskriti. Colónia de Oficiais Tribais do Bangladesh, Rangamati.

Chowdhury, A. K., Ara, T., Muhammed, F. H. & Ahmed, M. 1993. Um novo derivado de fenilpropeno de *Acorus calamus*. Pharmazie **48:** 786-787.

Chowdhury, F. Z., Roy, S. K. e Hossain, A. B. M. Enayet. 1989. Ethnomedicinal Survey of Bhawalgarh region o Bangladesh. *Bang. J. of Life Scie.* **2:** 18-20.

Chowdhury, J.U., Alam, M.K. e Hasan, M.A. 1996. Algumas fórmulas populares tradicionais contra a diversidade e a diarreia no *Bangladesh. J. of Econ. Tax. Bot.* Additional Series **12:** 20-23.

Clammer, J. 1984. Abordagens à investigação etnográfica. In: Ellen, R. F. (ed.) Ethnographic

Research: A guide to general conduct. Academic Press, Nova Iorque.

Coe, F. G. e Anderson, G. J. 1996. Ethnobotany of the Garifuna of Eastern Nicaragua. *Econ. Bot.*, **50(1):** 71-107.

Cotton, C. M. 1997. Ethnobotany, Principals and Application. John Wiley and Sons Ltd., Chichester.

Cox, A. P., Balick, J. M. 1996. Ethnobotanical Research and traditional health In Developing Countries, Plants, People and Culture. W.H. Freeman and Co; Conservation resources by Plant-Talk Ltd. Periódico Plant - Talk do Reino Unido

Estudo cultural do Bangladesh. 2007 (1ª ed.). Sociedade Asiática do Bangladesh. Dhaka-1000, Bangladesh. **5:** xi-xii.

Estudo cultural do Bangladesh. 2007 (1ª ed.). Sociedade Asiática do Bangladesh. Dhaka-1000, Bangladesh. **5:** 102-107

Dassanayake, M. D. e Fosberg, F. R. 1980-1991. A Revised Hand book to the Flora of Ceylon. Vol. (**I-VII**). Amerind publishing Co. Pvt. Ltd. Nova Índia, Dehli.

Davis, W. 1991. Para uma nova síntese da etnobotânica. In: Rosc. M. & B. Pedersen(eds.) Las Plantas y el Hombre. Ediciones Abya-Yala, Ecuador ,Quito.

Densmore, F. 1928. How Indians used Wild plants for food, medicine and crafts. Dover Publications Inc., Nova Iorque.

Enciclopédia da Flora e da Fauna do Bangladesh. 2007-2009 (1ª ed.). Sociedade Asiática do Bangladesh. Dhaka-100, Bangladesh. **II- XII**

Faulks, P. J. 1958. An Introduction to Ethnobotany. Moredale Publications Ltd. Londres.

Ford, R. I. 1978. Etnobotânica: diversidade histórica e síntese. Em Ford, R.I. (ed.)

Gain, P. 2000. Vida e natureza em risco. In: Gain, P. (ed.). The Chittagong Hill TraA vida e a naturezaem risco. Sociedade para o Ambiente e Desenvolvimento Humano, Bangladesh, Dhaka.

Garcia, H., Sierra, A., Balam, H. e Connant J. 1966. Wind in the Blood: Mayan Healing & Chinese Medicine

Ghani, A. 1998. Medicinal Plants of Bangladesh, Asiatic Society of Bangladesh, Dhaka-1205.

Gilmore, M. R. 1932. Importância da investigação etnobotânica. *Amer. Anthrop.* **34:** 320-327.

Given, D. R. & Harris, W. 1994. Techniques and methods of ethnobotany as an aid to the study, evaluation, conservation and sustainable use of biodiversity. Secretariado da

Commonwealth, Londres.

Griggs, B. 1981. Green Pharmacy. Green Art Press, Rochester.

Guha Bakshi, D. A. 1984. Flora do distrito de Murshidabad, Bengala Ocidental, Índia. Scientific Publisher, India, Jodhpur.

Harshberger, J. W. 1896. The purpose of Ethnobotany. *Bot. Gaz.* **21:** 146-158.

Hasan, M. A. 1971. Bangladesher owshudi gasgasra, Hasan Book House, Bangladesh, Dhaka.

Hasan, M. A., Huq, A. M. 1993. Amader Bonoushudi Shampad. Hasan Book House, Bangladesh, Dhaka, pp.184.

Hasan, M. A. & Khan, M. S. 1996. Registos etnobotânicos no Bangladesh. Plantas utilizadas para curar cortes e feridas. *Bangladesh J. of Plant Taxon.* **3(2):** 49-52.

Hasan, M. A., Khan, M. S. 1986. Registos etnobotânicos no Bangladesh. Plantas utilizadas para curar ossos fracturados. *J. Asiatic Soc. Bangladesh (Sci)* **12:** 33-39

Heining, R. L. 1925. Lista de plantas de Chittagong Collectorate e Hill tracts.

Hooker, J. D. 1872-1897. Flora da Índia Britânica. Vol. **1-7**. (Londres).

http://en.wikipedia.org.

http://prekgeo-khumi.blogspot.com/

Huda, M. K., Rahman, M. A. & Wilcock, C. C. 1999. A preliminary checklist of orchid taxa occuring in Bangladesh. *Bangladesh J. of Plant Taxon.* **6:** 69-85.

Huq, M. A. 1986. Plants Names of Bangladesh. BARC, Dhaka-5, Bangladesh.

Huq, M. A. e Khan, M. S. 1984. A preliminary taxonomic report on the angiosperic Flora of Moheshkhali island-1. In University Dhaka studies. **32 (2):** 19-31.

Ismail, M. & Mia, M. K. 1972. *Ecology of Bangladesh Vegetation 1.* Botanical Survey of Bangladesh, Conselho de Investigação Agrícola do Bangladesh, Bangladesh, Dhaka.

Jain, S. K. & Mitra, R. 1990. Etnobotânica na Índia: retrospetiva e perspetiva. In: Jain, S. K. (ed.) Contributions to Ethnobotany in India. Scientific Publishers, Índia, Jodhpur. pp. 1-18.

Jain, S. K. & Mudgal, V. 1999. A Handbook of Ethnobotany (Manual de Etnobotânica). Bishen Singh. Publicações Mahendra Pal Singh, Índia, Dehra Dun.

Jain, S. K. 1986. Ethnobotany. *Interdisciplinary Sci. Rev.* **11:** 285-292.

Jain, S. K. 1989. Methods and Approaches of Ethnobotany. Sociedade de Etnobiologia,

Índia, Lucknow.

Jain, S. K. 1994. Etnobotânica e investigação de plantas medicinais na Índia. In: Chadwick, D. J., J. Marsh (eds.) Ethnobotany and the search for new drugs (Ciba foundation Symposium 185). John Wiley & Sons Ltd., Chichester.

Jain, S. K. 1996. Glimpses of Indian Ethnobotany, Oxford & IBH Publishing Co. Nova Deli, Bombaim, Calcutá.

Jones, V. H. 1941. A natureza e o estatuto da etnobotânica. *Chron. Bot.* **6(10):**219-221.

Kadir, M. H. 1990. Bangladesh flora as a potential Source of Medicinal plants and its conservation Strategies. 73-77. In: Ghani, A. (Editor). Traditional Medicine. Instituto de Ciências da Vida, Universidade de Jahangirnagar, Savar, Dhaka.

Khan, M. S. 1991. A vegetação do Bangladesh. In: Ali, S. I. & A. Ghaffar (eds.) Plant Life of South Asia. Bangladesh Agriculture Research Council, Dhaka. pp. 185-192.

Khan, M. S. e Huq, A. M. 1975. Medicinal Plants of Bangladesh, BARC, Dhaka.

Khan, M. S., Hassan, M. A., Uddin, M. J. 2002. Ethnobotanical Survey In Rema Kelanga Wildlife Sanctuary (Habigang) in Bangladesh. *Bangladesh J. Plant Taxon.* **9:** 51-60.

Khisa, 1998. Etnobotânica e contexto cultural das comunidades étnicas de gestão de recursos florestais em Chittagong Hill Tracts. Em Banik R. L., Alam, K., S.J. Pel, & A. Rastogi (ed.), Applied Ethnobotany. Actas do Workshop de Formação Sub-Regional sobre Etnobotânica Aplicada, BFRI, Chittagong, Bangladesh.pp.56-63

Khisa, B. 1996a. Herbal Treatment of Chakma People (em bengali). Comité do Centro de Medicina Herbal, Rangamati.

Khisa, S. K. 1996b. Chakma Talik Chikitsa (em bengali). Centro Cultural Tribal, Rangamati.

Lewin, T. H. 1912. A Fly on the Wheel. Londres

Martin, G. 1992. Procura de plantas em mercados de camponeses. In: Plotkin, M. & L. Famolare (eds.) Sustainable Harvest and Marketing of Rain Forest Products. Island Press, Washington D. C. pp. 212-223.

Martin, G. J. 1995. Ethnobotany: A methods manual. Chapman & Hall, Londres.

Mia, M. K., Huq, A. M. 1988. Um levantamento etnobotânico preliminar na área de Jaintapur, Tamabil e Jaflong, Sylhet. Boletim **3:** 1-10. Bangladesh National Harbariun, Dhaka.

Millat-e-Mustafa, M. 1996. The Ecology and Management of Traditional Homegardens in Bangladesh. Tese de doutoramento. Universidade do País de Gales, Reino Unido, Bangor.

Millat-e-Mustafa, M., Begeum, K., Al-Amin, M. e Alam, S. M. 2001. Recursos vegetais medicinais dos homegradens tradicionais no Bangladesh. *Trop. Med. Plant.* Vol. **2** No.1.

Mitra, R & Jain, S. K. 1991. Investigação sobre plantas medicinais na Índia. A review. Ethnobotany **3:** 65-77.

Pal, D. C. e Jain, S. K. 1998. Tribal Medicine. Naya Prakash, 206 Bidhan Sarani, Calcutá. pp: 1.

Phillips, O. & Gentry, A. H. 1993a. As plantas úteis do Peru, Tambopata: I. Testes estatísticos de hipóteses com uma nova técnica quantitativa. *Econ. Bot.* **47:** 15-32.

Phillips, O. & Gentry, A. H. 1993b. As plantas úteis do Peru, Tambopata: II. Testes de hipóteses adicionais em etnobotânica quantitativa. *Econ. Bot.*, **47:** 33-43.

Prain, D. 1903. Bengal Plants. Vol. **1** e **2**. Edição reimpressa em 1963. Calcutá.

Prance, G. T. 1995. Introdução. In: Chadwick, J & J. Marsh (eds.) Ethnobotany and the Search for New Drugs. 1-3. John Wiley Sons. Inglaterra.

Rahman, A. 2004. Banglapedia , Asiatic Society Bangladesh, Nimtala, Dhaka.

Rahman, M. A. & Yusuf, M. 1996. Diversidade, ecologia e etnobotânica das Zingiberaceae do Bangladesh. *J. of Econ. Taxon. Bot.* Additional series, **12:** 13-19.

Rahman, M. A. 1997. Tribal Knowledge of Plant use in Hill Tracts district of Bangladesh. *Boletim Informativo sobre Biodiversidade do Bangladesh* **1:**1.

Rahman, M. A. 1999. Ethno-medico-botanical knowledge among tribals of Bangladesh. *Econ. Taxon. Bot.* **23:** 89-93.

Rahman, M. A. e Wilcock, C. C. 1995. Asclepiadaceae. *Em*: Khan, M. S. e M. M. Rahman (eds.) *Flora of Bangladesh*, **48:** 1-71. Herbário Nacional do Bangladesh, Bangladesh, Dhaka.

Rahman, M. A. e Wilcock, C. C. 1993. Flora do Bangladesh. Periplocaceae BNH. BARC. Dhaka.

Rahman, M. A., Uddin, S. B. & Wilcock, C. C. 2003. Indigenous knowledge of herbal medicine in Bangladesh diarrhea, dysentery, indigestion and stomach pains. *J. of Med. and Aroma. plant Scie.* **25:** 1001-1009.

Rahman, M. A., Uddin, S. B. 1998. Algumas plantas anti-reumáticas utilizadas pela população tribal dos distritos de Hill tracts do Bangladesh. *Boletim Informativo sobre Biodiversidade do Bangladesh* **2:** 4.

Rahman, M. A., Uddin, S. B., Khisa, A & Wilcock, C. C. 2000. Conhecimentos indígenas sobre a utilização de plantas numa comunidade tribal de Hill Tracts e o seu papel no desenvolvimento sustentável. In:

Rajput, A. B. 1965. The Tribes of Chittagong Hill Tracts. The Inter Services Press Ltd., Karachi (Paquistão).

Rao, N. R. e Henry, N. A. 1996. The ethnobotany of Eastern Ghats in India, Andhra Pradesh. Botanical Survey of India. pp:1-2

Rao, N. R. e Henry, N. A. 1997. Nova Zelândia da etnobotânica. Vol.-**8**. pp.2.

Rao, R. R. 1989. Métodos e técnicas de estudo e investigação etnobotânica: algumas considerações básicas. In: Jain, S. K. (ed.) Methods and Approaches in Ethnobotany. Society of Ethnobotanists, India, Lucknow.

Rapport, R. A. 1968. Pigs for the Ancestors: Ritual in the ecology of a New Guinea people. Yale University Press, Londres.

Robbins, W. W., Harrington, J. P. e Marreco, F. 1916. Ehtnobotany of the Tewa Indians, Smithsonian Institution. *Bru. Amer. Ehtnol. Bull.* **55.**

Saigal, O. 1978. Tripura. Bengal publishing Co., Índia, Calcutá.

Saklani, A. & Jain, S. K. 1994. Cross Cultural Ethnobotany of Northeast India. Deep Publications, Nova Deli.

Schultes, R. E. 1941. La ethnobotanica: Su acane y sus objectos. Caldasis **3:**7-12.

Schultes, R. E. 1962. O papel da etnobotânica na procura de novas plantas medicinais. Lloydia, **25:** 257-266.

Schultes, R. E. 1983. Richard Spruce: um etno-botânico e explorador dos primórdios

Schultes, R. E. 1994. A importância da etnobotânica na conservação ambiental. *Amer. J. Econ. Sociol.* **53 (2)** pp. 202.

Shelly, M. R. 1992. The Chittagong Hill Tracts of Bangladesh. The Untold Story. Centre for Development Research, Bangladesh (CDRB), Dhaka.

Simpson, B. B., Conner-Ogorzaly, M. C. 1986. Economic Botany. McGraw Hill Londres.

Sinclair, J. 1956. A Flora de Cox's Bazar. *East Pakistan Bull. Bot. Soc.* Beng. **9(2):** 84-116.

Sirajuddin, A. M. 1971. The Rajas of Chittagong Hill Tracts and their relation with the Mughals and the East India Company in the Eighteenth Century. *J. of the Pak. Hist. Soc.* **19 (1):** 1-52.

Pessoal. 2007. Etnobotânica. Nova Zelândia J. Bot. **21:** 06.

Stein, J. 1966. The Random House Dictionary of the English LanguagUnabridged Edition, Random House,New York 1966 p. 489.

Sarker, S. K. e Hossain, A. B. M. Enayet 2009. Pteridófitas do distrito de Mymensingh, no Bangladesh, utilizadas como vegetais e medicamentos. *Bangladesh J. of Plant Taxon.* **16(1):** 47-56.

Tanchangya, J. C. 1982. Tanchangya Upajatir Sankhipto Parichiti (em bengali). Tribal Cultural Institute, Rangamati, Bangladesh

Tripura, S. L. 1994. Parbattya Chattagramer Prakiiti O Sanskriti (em bengali). Instituto Cultural Tribal, Bangladesh, Rangamati.

Turner, N. 1996. Internet. *J of Ethnobiol. and Ethnomed.*. 2007; **3:** 8. Publicado online em 30 de janeiro de 2007. doi: 10.1186/1746-4269-3-8.

Uddin, M. G., Mirza, M. M. & Pasha, M. K. 1998. The Medicinal Uses of Pteridophytes of Bangladesh. *Bangladesh J. Plant Taxon.* **5(2):** 29-41.

Uddin, S. B. 2001. A comparative ethnobotanical study among the tribal communities of Chittagong Hill Tracts districts, eshBanglad (PhD thesis), UK, Univ. of Aberdeen.

Van den Berg, M. E. 1984. Ver-o-peso: A etnobotânica de um mercado amazónico. *Adv. in Econ. Bot.*, **1:** 140-149.

Veilleux, C. e King, S. R. 1996. An Introduction to Ethnobotany. Linda Morganstein, Editor

Vestal, A. e Schultes, R.E. 1939. The economic botany of Kiwa Indians as it relates to the history of the tribes. U.S.A.

Wickens, G. E. 1990. O que é a botânica económica? *Econ. Bot.*, 44**:** 12-28.

www.bangaldeshtravelhomes.com

Yusuf, M., Begum, J., Hoque M. N., Chowdhury, J. U. 2009. Medicinal Plants of Bangladesh. Conselho de Investigação Científica e Industrial do Bangladesh, Dhaka 1205. Bangladesh.

Yusuf, M., Chowdhury, J. U., Wahab, M. A., Begum, J. 1994. Medicinal Plants of Bangladesh. eshBanglad Council of Scientific and Industrial Research, Dhaka 1205. Bangladesh.

MIX
Papier aus verantwortungsvollen Quellen
Paper from responsible sources
FSC® C105338

Printed by Books on Demand GmbH, Norderstedt / Germany